U0030072

FONG'S ——— VEGETABLE

豐蔬食

2

超過200道顛覆味覺的美味蔬食介紹

田定豐、林承彥——著

Chapter 1 蔬食、極簡、新生活——024

認清自己想要的，生命更自由

吃蔬食不是侷限，而是由心選擇的真正的自由

品蔬食提升同理心，改善待人接物的態度

以分享角度出發，鼓勵他人嘗試蔬食

Chapter 2 蔬食發展、風味、在地生活——032

一窺亞洲蔬食全貌，印度、日本與東南亞

從慢食運動到蔬食崛起，飲食文化新浪潮

風味的來源，掌握鮮味、發酵食物與香料

這些美食都是蔬食，在台灣吃蔬食好容易

Chapter 4 以鮮果入菜，手作料理 10 道 ——216

減緩氣候危機，
從吃蔬食開始做起

氣象達人 彭啟明博士

　　2021 年的 11 月，儘管英國疫情確診數每天高達四、五萬人，但全球還是有將近兩萬五千人參加聯合國氣候會議 COP26，當然這和地球的體檢報告相繼出爐有關，我們已經面臨到嚴重的氣候危機，再也不能不去積極面對。在超過兩百個與會國家代表及一千多個民間組織中，要有立即見效的一致性看法，的確很困難，但千里之行，始於足下。

　　這當中，世界衛生組織（WHO）也首次直接在大會會場，設置一個館場，每天舉辦氣候和健康相關活動。這當中我參加其中一場活動，印象非常深刻，這是由全球動物福祉（Animal Welfare Worldwide）組織提的新倡議，特別強調在新冠疫情下，人類福祉、動物福利、氣候環境與新冠疫情的關係，尤其當人類過度消費肉類、更依賴畜牧產業下，產生的人畜共通傳染病將加速盛行，更導致食物鏈的緊縮崩解及帶來氣候環境的危機。

　　在本次的會議中，超過一百多個國家罕見地同意簽署「全球甲烷倡議」，提議在 2030 年減少 30% 的甲烷排放量。甲烷是僅次於二氧化碳的第二大溫室氣體，過去百年也貢獻了地球升溫 0.5 度，僅次於二氧化碳的 0.75 度，但甲烷吸收熱能的能力比二氧化碳高，在大氣中分解的速度也更快，代表著降低甲烷排放可對控制全球暖化產生快速影響。甲烷最大

的來源就是畜牧業的腸道發酵，占了將近三成，從過去的資料來看，當一個國家越來越富裕，會消耗更多的肉類，預期這仍將快速成長。但這個簽署協議，很有可能將轉變我們的食物鏈，減少對肉類的依賴將是主流。

　　儘管全球許多團體很積極地推動吃蔬食、減少肉類攝取的運動，台灣也是全球素食主義的天堂，但統計資料來看，台灣的肉類攝取量仍在上升當中。雖然我們對於氣候變遷幾乎有著全球最高的支持認同度，但絕大多數家庭的餐桌或是餐廳仍脫離不了肉類的束縛。

　　我很敬佩定豐兄，從光鮮亮麗的娛樂圈中轉性，變成一個蔬食主義者，而且他帶動的影響力、創新的方式，不會輸給任何一個組織或團體，至今他還持續在發揮創新創意中。記得我有幾次到他書中推薦的餐廳，發現年輕人竟然是這些蔬食餐廳的主要客群，和過去年長者因為健康或宗教才吃素有很大不同。定豐兄有遠見，看到世界的潮流、地球的危機，我也期待在未來國際的場合中，能把定豐兄在這幾年改變的方式，落實到全球氣候運動當中，相信這本書就是開始延伸的起點，你我都可以從餐桌上來解救地球。

——氣象達人　彭啟明博士

「蔬食」，少點肉、多點蔬菜的飲食，是我們近期認為對於「蔬食」最友善的解釋。從事素食推廣工作近四年的時間，不斷發揮我們自身的長才「愛吃」，也盡可能地將自己所愛、所認同的飲食習慣分享給更多朋友認識。

感謝豐哥這次的邀請，一路以來，我們一直在做相同的事，將好吃的餐廳、美食介紹給更多人，顛覆大家對於「蔬食」的刻板印象！如果你問我們，沒有肉會差很多嗎？我想我們會毫不猶豫地回答：「一點也不！」反而有機會認識更不一樣的食材與烹調方式，也會多更多嘗試探險的機會，藉由每次的踩點，一點一滴地拓展自己對於「吃」的視野！

記得當初收到邀請一同進行評鑑，過程中能看出豐哥對於出刊的熱誠以及負責任地仔細品嚐每一道上桌的菜色，只為了讓讀者能以更客觀的角度來認識每個辛苦經營的店家。我想，《豐蔬食2》有別於以往的餐廳名單推薦，而是透過長時間的實際走訪，將當下的心境與內心最溫暖的感動，化作文字，鑲嵌在字裡行間，閱讀的同時，彷彿自己也正品嚐著美味佳餚。我想，這就是《豐蔬食》的力量，藉由文字讓人感受蔬食世界的美妙之處。

「吃飯」對很多人來說或許只是求一餐溫飽，與此同時，我們也能更進一步思考飲食對於人體的連結性，以及「為何選擇少肉多蔬」。我想不只對人體是健康無負擔的選擇，更是對動物、地球環境更加友善的決定。

下回挑選餐廳時，不妨參考豐哥的推薦，全然不同的飲食觀，也許就此展開！

—— **Youtuber** 找蔬食 Traveggo

經營自媒體推廣素食飲食第四年了，敬畏社群的影響力，但要求快速、便宜、品質要好的爆炸數位時代，心裡總感覺空空的，做了很多吸引關注的內容，卻很難跟觀眾有深刻的連結。

如果說新媒體是最容易、最快讓人看見你的管道，那書本就是最能深入內心世界的媒介。很高興受邀寫推薦序，讓我們夠維根的想法，能有機會被印刷出來，在真實的書紙上。

跟豐哥相識後，一直能感受到他帶給人的真實感，非常舒服又安心。而閱讀了《豐蔬食》，感覺更加深刻，閱讀的過程中，安撫了焦躁不安的心，字句中充滿溫柔的力量，以及獨特充滿文化韻味的見解，重新定義食物該有的樣貌。什麼是美味？除了味覺上的酸甜苦辣，更添加了許多與味蕾連結的記憶、歷史，以及情感層面，這是一本充滿溫度的書。

知道《豐蔬食 2》要出版，非常興奮又開心，可以把它當作工具書，尋找下一餐該吃什麼，用寫實的角度、照片、有趣的故事，更新全台哪裡有美味的美食，更能透過作者多年來的飲食經驗、心境轉化，一窺蔬食者的內心世界。素食不只是宗教，更不是侷限，是有可能讓我們打開心胸，去觀察、接納更深層的自己，看完這本書，會打破你的想像，原來蔬食可以有這麼多不一樣的面貌、風味。

在繁忙的都市生活中，這是本值得慢下來閱讀的書，了解蔬食的美妙之處，實際去品嚐書中的食物，相信將會帶給你不同以往的體驗。

—— **Youtuber 夠維根 Go Vegan**

無肉新生活推廣協會創會長 張芷睿

「啊！肚子好餓啊！」——就是這麼乾乾脆脆的讚嘆。

打開《豐蔬食 2》，就像食味漫遊，所謂美食引進門，品嚐在個人，想知道哪裡有美食得有人帶領，而這個人也必須是一位心理學家、哲學家、才華橫溢的美食家響導，才能將食物的色香味活靈活現描述出來。豐哥完全具備了這樣迷人的條件。所以，當你手上擁有這本書時，你也握住了打開美食大門的鑰匙！

《豐蔬食 2》是透過祕密進行的專業評鑑，令人不得不由衷佩服，更別說得要花費好幾個月時間做功課、蒐集美食餐廳名單；連著好一段時間穿梭全台各地、大吃特吃，光想像就不容易。書中除了美食、環境照片與美食評鑑之外，還有原型食物的食譜，讓這本書的色香味更有深度，也讓喜愛做菜的人，看完一定也會想抱著書衝進市場，迫不及待成為餐桌上最受歡迎的廚師。

豐哥從各種料理飲食中徹底抽絲剝繭，從台灣的名氣街邊小吃、餐廳滋味到人情味的追索探尋，以食物為引，一路深入各式異國料理，讓餐桌上沒有肉這件事不再那麼無聊。而這份理念透過食物，更使我們與這片土地產生緊密連結，認真地過生活、用心地品嚐食物，以滋味為人生增添色彩，同時裝在鍋碗瓢盆裡的，還有一味「善良」。

進入無肉飲食向來最擔心的就是找不到好吃的餐廳，然而這本書一點都不枯燥，讀來反覺加倍興味盎然，讓我們跟著豐哥，從美味走到心的本味，按圖索驥，一家接著一家，痛快一償這已然高張的饞想。

然而，當越來越多的人識得植物的滋味、享用真正的食物，這世界，也許就會改變。

——無肉新生活推廣協會創會長 張芷睿

野菜鹿鹿主理人 小野、鹿比

認真拜讀完《豐蔬食2》之後，第一個反應是真的很佩服田老師以及承彥。

在這次《豐蔬食2》的製作裡，我們很榮幸地參與兩個店家的祕密走訪，當下的感受是，吃美食固然幸福，但要在一定的時間內走訪這麼多家餐廳絕對也是一件不簡單的事情，如果是我們，會尤其擔心我（小野）有變胖的職業傷害（笑）。

相比較上一本《豐蔬食》，此次《豐蔬食2》有依照北、中、南、東的區域做分類，真的讓我們出門在外不知道要吃什麼的時候，能夠很迅速地查閱跟參考！

雖然說「美食」對一百個人，就有一百種定義，但我們真的很喜歡本書文字的呈現方式。在文中，不論是哪一家店，我們都可以透過文字的引導找到該店值得我們細細品味的地方，這也是我們製作食記影片時所堅持的方向。

對於我們來說，好吃與否是主觀的，但美好事物以及認真的職人故事都是值得用客觀的角度分享給大家的！《豐蔬食2》是一本透過文字及圖片引導我們更細緻地去體驗生活、發現生命中我們時常忽略或錯過的美好書籍，它用溫暖的文字讓我們知道，「美味」可以很純粹、很簡單。

——野菜鹿鹿主理人 小野、鹿比

文青主廚 Jerry 陳昆煌

很榮幸能受邀為《豐蔬食 2》寫序。書中定豐哥藉由一道道的餐點，串起一趟我們與蔬食的美食之旅。我能實實在在地感受到定豐哥對這本書及茹素的用心。

說起我跟定豐哥的緣分，就要從蔬食開始講起。身為料理人的我，熱衷鑽研做菜技巧，更喜愛分享美食。每每在 YT 頻道「J 樣吃最蔬服」與粉絲們分享料理技法。蔬食料理讓我結識許多好友，也牽成我和定豐哥的良緣。我們一個懂品嚐、一個愛料理，定豐哥成為我的美食嚮導，《豐蔬食》這本著作，更成為了我的美味地圖。

這些年，我始終追問著「美食」的定義，總拿著這張美味地圖，品嚐一道道佳餚，思考著如何做出更加感動人的料理。定豐哥讓我體認到，美食不受限於「豬、鴨、牛、羊、雞」，蔬食料理在現今儼然成為一股潮流時尚，不再只為了宗教信仰，更是個人對料理的堅持。

早期茹素者的飲食觀，大部分都以蔬菜、米食為主食，搭配醃漬醬菜，及豆腐加工製品等高鹽食物。無形中，對於身體健康產生極大的負擔。隨著自然蔬食觀念的興起，食用原型食物及當季蔬菜，能更直接感受食材的原始滋味，體驗截然不同的身心愉悅。現在，我們不僅要吃得精巧、吃得健康，更要吃得沒有負擔！

給正在閱讀的你，希望你也能跟著這張美食地圖，依著定豐哥的腳步，一起尋覓、品嚐更多令人齒頰生香，一吃難忘的香根料理吧！

——文青主廚 Jerry 陳昆煌

認識田定豐老師，其實是一個很特別的緣分：我們一起去了香格里拉的悅榕庄採訪旅行。寒冷的高原上，藏族朋友們熱情地準備了各種燒肉火鍋，讓我們暖暖身子，大家都很期待，只有他，田定豐，要了一個素食鍋。當時大家都覺得哈哈哈，他虧大了！沒想到蔬食火鍋一上桌， 甜的蔬菜、清爽的湯頭，在微冷的夜幕中，特別有滋味，一點都不單調。加入各種菌菇調配出來的高湯，香氣四溢，大家都捨棄了自己的肉鍋，爭搶他的素湯，而且欲罷不能！

向來無肉不歡的我一直覺得，素食如果不加重油重料調味，應該就很乏味。但高油高鹽會長胖，而且又不健康。想必有很多人跟我一樣抱有這種刻板印象吧？

田定豐老師應該是上天派來的天使，不因為任何宗教的原因，只是為了愛地球、友善環境，開始了蔬食之旅，而且改變了像我這樣堅定的肉肉信仰者！大功一件！

採訪了他的豐蔬食，跟著他的書好好品味了蔬食料理，我是真的被說服了！

原來蔬食不但可以做得精緻又有滋有味，而且變化萬千，完全不輸高檔星級料理，驚艷啊！不管是中式功夫料理、西餐的 Fine Dining，料理起來毫不遜色，甚至更加健康養生，好處多多！

聽到《豐蔬食2》即將出版，心裡一陣竊喜，知道又有口福了！這段時間大家出不了國，剛好振興台灣經濟，讓美食不寂寞。想要吃得美味又不踩雷，那就跟著行家走，抓緊就別放手！隨著蔬食寶典，一家家地探訪，會有一重重的驚喜，被最健康的快樂團團包圍。歡迎大家多多分享喔！

——節目主持人 李秀媛

公民教師、作家 黃益中

我就是那個去豐哥家裡吃飯還自帶泡麵的人 —— 嚴格來講，是自帶有牛肉調理包的大碗泡麵，外加一份夜市鹹酥雞。

可能是既有的刻板印象，也或許是以前在佛堂吃過宗教純素，我總覺得素食……就是一個吃不飽、味道淡，吃僅是為了保持身體基本熱量的修行課程。

我自己是公民老師，本來就聽過少肉多蔬的呼籲。根據聯合國糧農組織的計算，生產肉品所產生的碳排放就占了人為溫室氣體排放的 14.5 %，甚至比全球運輸業產生的排放量還多，為了飼養牲畜還要砍伐森林擴大牧場，更進一步導致氣候暖化。回到自身健康，隨著年齡漸增，膽固醇心血管數值開始成為健康檢查該擔心的紅字，透過豆類、核果類與五穀根莖蔬菜類植物性蛋白的攝取，不但不會減少原本的肌肉量，相關研究還發現可以降低早期死亡風險。

好處不勝枚舉，問題在如何踏進蔬食／素食的世界？豐哥過去曾是無肉不歡的肉食主義者，本身也是攝影美食家，他最清楚葷食者心中的煩惱，最懂如何幫大家鋪一條好走的路。所以他走遍全台灣，用第一手的飲食體驗，提倡易親近的蔬食理念，讓我們這些有心加入的門外漢，能有一本圖文並茂、色香味俱全的蔬食米其林指南。

有理念的先行者不會孤獨。豐哥這次再以《豐蔬食 2》，持續帶來福音般的喜訊，從一週一蔬食，到一日一蔬食，站得穩，才行得遠。他用二十多年茹素的生命故事，激勵你我開始從小處著手的堅持。

——公民教師、作家 黃益中

唱作歌手 光良

常常聽到吃素食很無聊？！吃素很困難？！吃素很單調？！

《豐蔬食2》就是一本打破這些刻板印象的著作，不管吃葷、吃素的朋友，我很推這一本「蔬食工具書」！

當第一本《豐蔬食》出版時，我介紹給公司同事，書中推薦了斗六一間歐式蔬食，同事在一次旅遊途中專程到這間素食餐廳用餐，用餐當下傳訊息給我，大讚《豐蔬食》推薦的餐廳果然很令人驚艷、不踩雷！

《豐蔬食2》也涵蓋了多樣化的蔬食料理。我的飲食口味還是很「東南亞」，特別喜歡用天然植物辛香料烹煮的蔬食，當我想吃家鄉創意的蔬食料理，哪裡可以吃到？參閱豐蔬食推薦就沒錯！

佩服定豐是美食分享家，他不辭辛勞、上山下海，蒐集著各地蔬食料理。

這是一本喜歡嘗試各種美食的朋友必看的蔬食指南！

——唱作歌手 光良

知名演員 楊子儀

本是唱片界的天之驕子，殊不知在佛面前發現自己只是凡夫俗子，與佛結緣開啟了他的蔬食人生。

「不食眾生肉，長養大悲心」，除了與眾生結善緣，也藉由精雕細琢的文字與照片將蔬食的美好傳遞出去。

第一集的《豐蔬食》，是我認識定豐老師的開始，也是我外出吃飯的參考書；第二集的《豐蔬食》，老師更是做足了功課，在網路上開社團集思廣益，一間一間實地探訪與試吃。

口味是很主觀的感受，但老師總能極具客觀地敘述他品嚐到的料理，讓我循著老師的腳步嚐鮮時，不會有先入為主的心念。

不論你吃葷吃素，《豐蔬食》絕對都是值得一看的好書，不用擔心會踩雷，因為田老師已經為我們擋下。

——知名演員 楊子儀

豐蔬食 2

分享的力量 —— 田定豐

出版《豐蔬食》的時候，我曾談過吃素這件事對我有莫大的影響，它改變的不只是個人的飲食習慣，甚至影響了我的生活形態、處世態度，還有人生的發展與未來。

吃素之前，因為職業的緣故，我身邊永遠圍繞著人，日子總是過得熱鬧，家裡幾乎天天大宴賓客，餐桌上擺的不外乎是魚翅、鮑魚、燕窩與紅酒。我很少有獨自吃飯的時候，一起進餐的不是藝人，就是工作人員或朋友。即使是外食，我也一定去五星級飯店，我甚至曾經是某家知名飯店餐廳的 VIP 常客。在我的開支裡，飲食消費絕對占了大宗。為了能好吃好喝好肉好酒地款待客人，我花了不少錢，而且覺得這是必要支出。

但自從只吃蔬食之後，大家都知道我飲食習慣的改變，以前總是來家裡作客、吃吃喝喝的朋友們變少了，我也大幅減少外食的機會，更多時間是「一人做」與「一人食」。因為只要照顧好自己就好，我不再要求飲食上要擺排場或是要吃得多麼昂貴。吃飯對我來說，逐漸變得簡單，連帶也減少了食材採購和交際應酬方面的花費。

這些變化看似微小，但漸漸改變了我的生活態度與價值觀。

以前我總覺得，只要每天好好工作、認真賺錢，我就理所當然可以慷慨花錢，對自己好一點。那時候的我幾乎每個月都安排出國旅行，還很講究旅行時的享受，商務艙、五星級飯店、米其林餐廳……我視此為理所應當，而且從不覺得滿足，總是想著要更多、更多和更多。

但是吃素後生活方式的改變，連帶影響了我的思維。我逐漸意識到這個世界上沒有什麼事情是理所應當的。而我之所以能夠得到的比別人多，不只是因為我努力，更是因為我很幸運。幸運是

上天的餽贈，我要珍惜這種幸運，將自己擁有的與其他人分享。

所以後來我出書、經營社群⋯⋯我所做的每一件事，都是試著把自己所知道的一切分享給其他人。分享不會讓我感覺不安或匱乏，反而讓我覺得生活更加踏實、收穫更多，也得到更大的快樂。

而製作、出版《豐蔬食2》的動力，正是源於分享後所得到的回饋。

出版《豐蔬食》之後，我收到很多讀者的反饋。有人告訴我，他按書中的介紹，吃遍了我精選的每一家餐廳；還有一個讀者告訴我，他原本是不吃素的人，但在看過書後，好奇心使然，按照書中的介紹，去了其中一家餐廳品嚐料理，吃過之後大為感動。他發現「蔬食料理原來能做得如此美味呀」，於是慢慢養成了一週一餐，而後一週吃一天素食的習慣。

另外我還有一個朋友，原本無肉不歡。以前，他來我家吃飯，因為知道我吃素，居然自己帶了牛肉泡麵過來。但是後來他告訴我，他品嚐蔬食之後，對吃素完全改觀，不僅不再排斥，還很願意盡量吃素。

這些回饋對我來說是莫大的鼓舞，因為它們正好暗合了我對於分享蔬食的理念和期望。

我一直很希望能夠改變一般人對於蔬食的刻板印象。大多數人提起蔬食時，腦海中浮現的通常是一些「佛音裊裊」的素食自助餐店，或是素麵線、素炒飯之類的小店、路邊攤。有些人還很嫌棄這些素食的味道。但是蔬食的範圍很大，而素食只是其中的一小部分，我很希望能讓這些人理解，其實蔬食有許多不同的製作方法與口感，不但能做得精緻、美味，而且還有益身體健康。

想要讓人發自內心地改變，絕不能強迫要求，而是要循序漸進。最好能夠先讓大家意識到「啊，蔬食真好吃」，那麼不用我多說，人們自然會主動想吃素。這是我原本做《豐蔬食》的動力。而透過回饋，不只證明了我的想法沒錯，更讓我意識到，我的分享與提倡，是有影響力、能夠改變其他人。

試想，原本不吃素的人，因為我的分享而去了解蔬食的美味，自然而然接受了蔬食，甚至帶著家人、朋友一同享用，連帶效應，不斷擴散，接受蔬食、接受改變的人會越來越多，吃素將成為許多人日常生活的一部分。

我不敢說自己能有多大的力量推廣吃素，但力所能及，盡力而已，期望善念積沙成塔，成為改變世界的力量。

葷食者的
豐蔬食體驗

—— 林承彥

　　不敢說自己是美食家，但對食物，我有絕不服輸的熱情。

　　我打小就愛吃，30多年來，總用食物慶祝歡愉歲月，也靠食物度過慘澹青春，餐飲學校畢業當過幾年廚師跟外場服務人員，而在轉職成了一個美食記者後，我開始追根究底舌尖下的種種細節，同時也深深沉迷於齒頰間，除了酸甜苦辣以外，流動著的文化意義與歷史痕跡。對我來說，吃東西從來就不只是為了填飽肚子，昇華後的口腹之欲顯得更加光怪陸離，也牽動出一連串的情意結。

　　會認識豐哥，也跟吃有關。當時他創辦「Fong Cha 豐茶」，我只是一個去採訪他的菜鳥記者，本以為這個音樂巨擘投身餐飲僅屬玩票過水，但幾次相處後，發現他不只在台灣茶上灌注熱情，還身懷推廣蔬食的使命感，更棒的

是，我們同為美食同好，他找我試吃新上市的甜點，我也樂於跟他分享偶一為之的茹素心得，在餐桌上找到共鳴之後，本來毫無瓜葛、涇渭分明的兩人越聊越契合，最後成了莫逆之交。

　　記得那天晚上滿冷的，我在河堤騎著單車，接到豐哥的電話：「承彥，《豐蔬食》有出第二集的打算，你要不要一起？」聽到這邀請，簡直喜出望外，有什麼好猶豫的？隨即點頭應允，只是答應太快，忘了自己是個無肉不歡的肉食動物，「田定豐怎麼會找一個葷食者來寫蔬食書？真是自相矛盾。」只好趕緊回了通電話給豐哥，說了我的疑慮擔憂，沒想到他一派悠然地說：「《豐蔬食》從來就不是一本只給蔬食者看的書，有葷食者的參與，不就顯得《豐蔬食2》更為客觀，也表示這本書可不全然是蔬食者在自說自話。」聽他這麼說，

霎時茅塞頓開，蔬食找嗜肉之人來品鑑，頗有「突破同溫層」的雄心壯志呢！

不久後，我們開始了全台走透透的蔬食之旅，從巷弄中的精湛好味，到田野旁的芳美佳饌，不分東西畛域，也無國界隔閡，從夜市、路邊攤一路吃到米其林，也許沒有踏破鐵鞋，但肚囊絕對瀕臨撐破邊緣，幾趟旅程下來，實在記不得總共吃了多少家，猜想沒有破百應該也有近百。

　　《豐蔬食2》所拜訪的每一家餐廳，我們均以「神祕客」身分入內，品嚐過後，隨即在車上進行討論，有趣的是，我們其實很少在第一時間就有共識，反而經常辯論不休，我不認同他不退讓，現在回想起來，這些爭執與摩擦成了《豐蔬食2》最美妙的節奏，也替此書增添了不少火花。

　　這次《豐蔬食2》依然以推廣蔬食生活美好為主軸，但我們並不打算改變任何人在飲食上的習慣或立場。對我而言，吃東西本就不該有任何限制，只要吃得開心、舒適、自在，不論葷素，就是絕美珍饈。如果您是蔬食者，自然可將《豐蔬食2》視作一本綠色餐飲指南，按圖索驥尋幽探訪，持續擴展插旗專屬於己的蔬食美味版圖。但若是跟我一樣，實在無法割捨肉的美味，那不妨把《豐蔬食2》放在身邊，當哪天心思倦怠鬱悶難解時，翻翻此書，找家離您最近的蔬食餐廳，或是參考裡頭的食譜，自己動手做道水果蔬食料理，也許便會發現，就算蔬食生活只過一天，也有提振精神以及轉換心情的效果。

　　也不過一年多前，我還是個田定豐的小書迷，抱著《豐蔬食》排在人龍中，滿心期待，等這個跨界跨到幾乎要劈腿的大作家幫我簽名，而現在竟然有機會能參與第二集，再次感謝豐哥的邀請與提攜，同時更佩服他的寬宏大量，願意給予足夠空間，允許我這無名小卒能在《豐蔬食2》留下些許足跡，深深銘記，感念於心。

　　受到百年大疫牽連，《豐蔬食2》的出版之路一波三折，在黑霧逐漸散去之際終得問世。此書稱不上盡善盡美，但絕不倉促單薄，期待各位在閱讀時，除了細細咀嚼文字照片中的氣味與情意外，也能為台灣繁花似錦、兼容並蓄的飲食風貌感到自豪與驕傲。

Chapter 1

蔬食、
極簡、
新生活

　　蔬食就有如催化劑，為我的人生帶來一連串的改變。不僅是飲食，我的穿衣風格、生活習性、待人接物，都與過往截然不同。

　　開始吃素之後，我深刻體認：簡單就是自在。

　　蔬食生活，讓我在各方面有如成為一個極簡主義者，活出另一種特色。

決定只吃蔬食之後，我的生活有了極大的轉變，最直接的，是我發現生活中的選擇性減少了。以前到了吃飯時間，甚至離吃飯時間還早，我就在思考「今天要吃什麼」，如果要招待客人，那麼考慮的細節更多。

吃素之後，因為能選擇的項目銳減，我漸漸不太花時間琢磨這些瑣事。取而代之的，是把重心放在自己身上，開始思考自己到底想要什麼。

「想要」和「需要」是兩回事。以前我常搞不清楚這兩者之間的差異。我追求想要，但我想要的東西真的是我需要的嗎？而我需要的又是什麼？吃素之後，我開始有意識地深思這些事情。

以前的我在消費方面，經常因為身邊人的影響，衝動購物。比方說，只要有誰告訴我哪裡正在大打折、什麼東西非常流行，大家都在跟風……我就會心動。不只是自己心動，甚至還會起身號召其他人一起加入跟風行列。

但是現在，面對周遭其他人的聲音，我不再迅速做出反應。我會靜下來，等待一下，聆聽自己心底真正的聲音，再理性判斷我到底是需要還是想要。

又比如說，以前我很在乎穿著，幾乎全身上下都是名牌。總覺得出門在外，身上很需要一些「裝備」的「加持」，而名牌服飾就是我的裝備。每天出門，我必須穿戴好一身裝備，才能去工作、和人溝通、認識其他名人。但是後來當我能夠自我沉澱，逐漸有意識地感受與思考後，我對穿著的想法就徹底改變了。

我發現：簡單就是自在。生活越簡單，越能夠讓自己活得更自在。一身名牌的我，彷彿從頭到腳包覆著盔甲，反而不像是我自己。於是我開始學習放下、學習減法的生活方式。即使衣著簡單，也要坦然面對其他人。

現在我出門，除非場合有特別需要，否則我不會講求全身上下的行頭、配備必須名牌到位。很多時候一件普通的 T 恤，就完全能滿足我在衣著方面的需求。我的「簡單」，並沒有讓我在面對哪個達官顯要、名人網紅時感覺自卑，反而讓我變得更放鬆、更坦然也更從容。

自此以後，追求簡單、極簡的意識在我生命中紮根、擴展。後來我發現，不只是衣著，生命中還有很多東西都是身外之物。我所擁有的東西越少，生活品質反而越好。

認清自己想要的，
生命更自由

就拿住來說。我以前住一間很大的房子，但是屋裡塞滿了各種各樣的雜物。當時的我總感覺不滿足，覺得自己需要這麼大的空間，甚至更大的空間，才能放得下擁有的一切。

可是等到我開始體悟簡單生活的真諦之後，我才發現，房子的空間再大，如果裝滿了雜物，反而更顯得狹窄侷促。

為此，我下定決心捨棄了許多以前覺得必不可少的東西。再後來，我搬了家。

現在我住的地方遠不如過去的舊家空間大，是一間小房子。可是因為少了以前那些雜物，再加上細心整理，我覺得新家一點也不小，看起來非常寬敞，住得也很舒服。有時我甚至會錯覺，現在所住的「小宅」遠比以前的「大屋」更加寬綽。

當我靜下心來體會、感受、思考，以往很多我想不清楚的問題，現在都變得明晰透澈。

我記得，當我還住在「大屋」裡時，家中總是訪客不斷。那時，我家利用率最高的空間是餐廳、是餐桌，因為每天都有人來我家吃飯，餐桌上坐滿了人，笑語喧譁，杯觥交錯，氣氛無比熱鬧，可是那時候的我真的快樂嗎？很難說。

現在，我的生活重心轉變。我認為家裡最重要的空間不是餐廳，而是陽台。我經常在陽台上待著，冥想、看書、眺望山景、吹風，無論清晨或夜晚，待在陽台上，我的心情自然舒暢。

吃蔬食不是侷限，
而是由心選擇的真正的自由

很多人覺得，吃素是一種限制、一種框架，強制約束自己不能吃葷。但是我身在其中，用心感受後發現，吃素並不是一種生活上的限制或框架，反而是一種由心選擇的自由。當我理解這種自由後，反而活得更加通透、自在。

即使我已經吃素多年，直到現在，周遭還經常有人會滿懷疑惑地詢問：「你會不會常常想起以前吃肉的感覺？你真的不覺得，強迫自己只能吃蔬食，是壓抑想要吃肉的本能嗎？」

面對這些詢問，我都坦然回答：「是，我以前吃葷，但吃素之後，我不會回想吃肉的感覺，也沒有渴望解禁吃肉，更不覺得這是一種壓抑。」

我覺得吃素是一種習慣，習慣成自然，當人進入這種自然，那些肉食就都誘惑不了我了。我沒有刻意壓抑自己、強迫自己只能吃蔬食，而是真的對吃肉沒了感覺。當人在飲食上不再被想吃肉食、想吃葷的念頭所綁架，那麼他反而擁有了真正的自由。

品蔬食提升同理心，
改善待人接物的態度

現在很多年輕人之所以吃素，起心動念未必是因為宗教，而是環保意識的興起，帶動了蔬食的風潮。比方說，聯合國糧農組織曾預估，畜牧業會影響溫室氣體的排放。這乍聽之下有些奇幻，但確實如此。全球家畜一年排放一億噸的甲烷，光是美國，畜牧業就占了溫室氣體排放總量的 10% 至 12%。這也就意味著，吃葷比吃素更容易傷害我們生活的地球。

而這些人因為深諳其理，所以選擇吃素。廣義來說，這是一種同理心的積極展現。同理心從內而外，從外而內，從吃素向內延伸，可以改變一個人的性格。

就拿我來說，以前的我脾氣急躁，很容易因為小事而動怒，在工作或生活上，如果看到別人犯錯，就忍不住生氣，甚至覺得「你是白癡嗎」。但是吃素後，我覺得自己的情緒改善很多。當然，我還是難免會著急、會生氣，但是我不會在盛怒之下，把強烈的負面情緒拋給對方。

改變的關鍵，是吃素。我吃素之後，對葷食有了截然不同的看法。以前我覺得葷食單純是餐點的一種，但吃素後我意識到，餐盤裡的一塊牛排，生前也是有生命、有情緒的。當我意識到那塊肉也是一個生命之後，我就沒有辦法

青花苗 碗豆苗 苜蓿芽 黃豆芽 綠豆芽

再咬一口牛肉了，因為我能感覺得到，那頭死去的牛和我一樣，對世間一切都有相同的感受。吃牠，會讓我想到牠被宰殺時所遭受的痛苦。

慢慢地，這種感覺延伸到人的身上，我對人也產生了同理心，漸漸改變了待人接物的態度。

以分享角度出發，鼓勵他人嘗試蔬食

很多素食者或蔬食者雖然有非常好的理念，很努力尊重生命，但是當他們宣揚自己的理念時，對於葷食者的態度非常嚴厲。比如說，他們會用責難的態度譴責不吃蔬食的人「你怎麼可以吃肉？你不知道這是殺生嗎」、「被你吃的動物臨死前有多麼痛苦啊」，這些話聽起來不但刺耳，而且扎心，帶著恐嚇和道德綁架的威脅。對這些人來說，他們這麼做出發點是好的，但是他們忘記了，在尊重生命之外，我們也要同時「尊重人」。為了宣揚自己的理念，忘記應當尊重其他人，結果可想而知，反而容易帶來負面的效果。

在我看來，「循序漸進」、「尊重他人」永遠是最重要的準則。雖然我們理解了一個好的飲食和生活方式，但是想要讓其他人也能理解、接納，必須

耐心引導。即使他們有可能拒絕接受我們的想法，也不應該加以指責或恐嚇。為別人設想是非常重要的事。

就拿我來說吧！我已經吃素多年，卻沒有達到真正維根的程度，因為維根的標準極高，比如蛋、奶，甚至是蜂蜜，禁止食用一切與動物有關的食材，一般人很難做到這一點。

可是，如果我真的想往前踏一步，奉行真正的維根主義，倒也沒有那麼困難，而我之所以始終沒有跨過這道界線，不是因為我做不到，而是不希望因為我個人的堅持，而使周遭的其他人感到不舒服、不方便。

人生在世，處處必須與人相處。不讓其他人覺得困擾、不便，對我來說是很重要的事情，所以我不會過度規範他人。我不會說：「我現在是一個維根主義者了，所以我要用這個身分影響周遭的人。」比起影響他人，我更希望自己能永遠站在別人的立場和角度上去思考、理解。

改變周遭的人、影響更多的人，固然是美好願景，但若我們想要做得長久，必須慢慢來。我不會要求大家立刻改吃素，但我希望自己能影響一些人，從體會「今天吃一餐蔬食是什麼感覺」開始。這樣就很好了。

Chapter 2

蔬食發展、
　風味、
在地生活

　　從過往的宗教因素,到近年基於為地球、為環境盡一份心力而接觸蔬食,幾經發展,時至今日,蔬食更進一步成為新式的飲食風潮。只要多加留心,你會發現,蔬食早已深入我們的生活之中,無處不在。

文——林承彥

一窺亞洲蔬食全貌，
印度、日本與東南亞

　　蔬食主義在歐美國家發展鼎盛，但其實「素食者」（Vegetarian）這個詞彙，在1840年左右才誕生，至今不到兩百年。相較於西方定義牛步，亞洲顯得超前不少，戰國時代的經典《禮記》，記錄著「逢子卯，稷食菜羹」的祭祀習慣，當時人們以齋戒茹素來體現對於鬼神的崇敬，逐步形成中國最早的素食文化。

　　不過真正讓蔬食成為亞洲飲食文化主流之一的原因還是宗教，那就得從茹素大國——印度聊起了。

　　印度是佛教的起源地，基於眾生皆有情的教義，在佛教誕生初期（約西元前六世紀），便有教派提倡不殺生不食肉，旗下信眾都須嚴格遵守。不過若信奉的是印度教，吃素可就有別的因由。在印度，葷素與種姓階級有絕對相關性，高等的婆羅門（祭司）和吠舍（商人與平民）吃素，低階的剎帝利（貴族與武士）和首陀羅（僕役）則是吃葷，

據說是因為婆羅門跟吠舍從事的工作多半是靠腦力，吃素就足以供應身體所需的營養跟熱量，而剎帝利跟首陀羅多做勞動與僕役等粗活，需要肉蛋來維持體力，所以在印度，如果你吃素，在別人眼中或許是件高貴典雅的事情呢！

人人生而平等，以種姓階級區分尊卑，極為落伍又不文明，但不可諱言，這的確加快蔬食在次大陸的傳播速度。據印度政府統計，有三分之二的婆羅門都吃素，加上男尊女卑觀念根深柢固，蔬食者中的女性比例遠高於男性，她們期待藉由吃素，祈求此生能有個好歸宿，甚至下輩子改當男人，吃素因由，既無奈又心酸。

直到今天，印度還是全球素食人口最多的國家，約有 40% 的印度人都吃素，換算下來可能逼近五億人。由於多數人口都有素食需求，印度餐廳均有葷素可選，商店賣的食品也會標示清楚，貼綠標為素食，紅標則為葷食。不過印度人通常會用牛油來做菜，蔥蒜使用上也無嚴格限制，如果你是全素者的話，到印度旅行時可得睜大眼睛，畢竟對於多數印度人來說，葷素之別僅在於有沒有肉而已。

比起日本，印度已經是對蔬食者非常友善的國家。

日本是台灣人最愛拜訪的國度，但若你是蔬食者，大概都會有一樣的旅遊經驗，那就是要在日本找到蔬食已經不太容易，遑論是專營素食的餐廳了。走在東京街頭，從居酒屋、炸豬排、燒肉，看到的幾乎全是葷食餐廳，日本簡直就是肉食大國。但日本人一開始其實是不吃肉的，這個習慣還維持了一千多年。

佛教約莫在西元七世紀時傳入日本，立刻衝擊了「無一不為神」的傳統

神道教信仰，佛教讓日本人發現，原來神佛可以這麼親近、這麼可觸可感，因此不少人從神道教改信佛教，當時天武天皇還頒布了《禁止殺生肉食之詔》，嚴格規定人民不能吃牛、雞等獸肉（不過魚可以吃）。宗教因素加上天皇命令，日本人還真的過了一千兩百年不吃獸肉的歲月，一直到十九世紀末的明治維新時期，眼看吃肉的西方人個個人高馬大，在全盤西化的政策與趨勢下，明治天皇下令頒布《肉食解禁令》，日本人終於開始吃肉，日後，還誕生了幾道我們熟知的日本葷食料理，像是炸豬排、牛丼、拉麵等。

肉一解禁可不得了，日本人就此回不去了，也不過百餘年，現在大部分的日本人早就忘記先祖曾經視肉類為不潔毒物。你可能會認為，就算天皇宣布開放吃肉，但佛教信仰還是存在啊，怎麼可能讓素食文化就此銷聲匿跡呢？的確，日本信仰佛教的人超過半數，他們認同佛教的基本道義是尊重生命，不過並不是「吃素」這麼狹隘，只要面對食物時懷著一顆感激之心，用餐前說「いただきます」，吃飽後說「ごちそうさま」，表達對於動植物以命換命的誠摯感謝，吃不吃素，只是小節而已。

難道蔬食者到日本真的沒東西吃嗎？其實也不會，屬日本三大料理之一的「精進料理」，就是蔬食者可以安心食用的佳餚。

精進料理誕生於鎌倉時代，初期為寺廟裡的僧侶餐食，所以菜色完全摒棄了肉類、海鮮以及蔥蒜。之後，精進料理發展成婚喪喜慶的宴席菜色，日趨高級隆重，現在還有不少高檔料亭專做精進料理，吸引饕客趨之若鶩。跟懷石以及會席料理一樣，精進料理格外在乎季節性，運用大量當季蔬果蕈類，在盤中體現春、夏、秋、冬。另外，精進料理還會盡可能避免使用加工品，氣味過重的香料或人工調味劑也都不用，因此每項食材的味道及口感都是如此平實溫潤、淡雅爽口，十分美味。

只是精進料理多數高檔昂貴，一餐吃下來可是要價不菲，還好日本養生健康的觀念依然相當興盛，大城市中不難找到以降低卡路里攝取、減少使用肉類與加工品為概念，提供如沙拉、輕食、異國料理的餐館，雖然不見得是全蔬食餐廳，但通常有不少蔬食品項可選。而隨著人口老化與文明病激增，現此風潮正方興未艾，可期待日本將會迎來以蔬食為主角的飲食革命。

亞洲還有另一個蔬食生活圈，便是熱情的中南半島，其中又以緬甸與泰國

茹素風氣最盛。

緬甸與泰國都信仰南傳佛教，這個派別未經中國，直接由印度經斯里蘭卡再傳到東南亞，僧侶們仍維持過去托缽乞食「有什麼就吃什麼」的飲食制度，不像漢傳佛教這麼嚴格禁用葷食五辛。既然如此，那為何這兩個國家依然有著比例不低的蔬食者人口呢？這個可以分成兩部分來談。

其一，泰緬兩國佛教徒比例極高，泰國高達 94%，緬甸也有 88%。雖說當地戒律並未嚴格要求茹素，但憑藉著一顆向善的慈悲心，不少信眾開始自發性茹素，在一些偏遠的荒山野嶺，甚至還有全村都吃素的聚落存在。其二，這兩個地方華人移民極多，華僑帶進宗教禮儀，潛移默化地影響當地的飲食文化。最顯著的例子是「九皇齋節」，這個本來是閩粵一帶，為慶祝九皇大帝誕辰的節日，流傳到泰國後更加發揚光大。節慶期間，街邊擺滿齋食攤販，並豎起寫有「清齋」字樣的黃旗，還會有不少餐廳趁此推出齋菜，一連九天，各種純素美食匯聚，簡直是蔬食者一生必得朝聖一次的狂歡派對。

從慢食運動到蔬食崛起，飲食文化新浪潮

二戰結束後，世界迎來短暫的平靜，戰爭饑荒減少，科技與生技這兩大齒輪加速運轉，人口快速增長，人均壽命也有顯著提升。1950 年時，世界人口僅三十億，但到了 2020 年，竟已突破七十億。突然多了這麼多人要吃飯，加上全球化浪潮影響，導致人們生活步調加快，「吃東西」的節奏竟在不知不覺中也亂了套。像是以人工方式介入家禽家畜的生長速度、大量生產粗製濫造的加工食品，甚或把基因改造技術用於農產上，這些方法的確加快了食物的製造時程，卻忽視了食材與料理的多樣性，而速食與連鎖餐廳不分城鄉大舉進駐，往往也稀釋掉地方文化特色。

當飲食行為變得單一乏味，那與史前時代人類吃食只為溫飽豈不無異？

1986 年，義大利人卡爾洛‧佩特里尼抗議麥當勞在羅馬市中心的西班牙階梯附近開設分店，他擔憂連鎖速食餐廳在此設點，會衝擊當地文化與深厚的歷史底蘊。於是成立了以推廣慢食運動（Slow Food）為職志的組織。慢食運動的初衷，是號召民眾反對按標準化、規格化製作而成的快餐食品，並提倡有地方性、營養均衡的傳統美食。隨著組織壯大，慢食運動還發展出幾項重要精神，像是以「食物方舟」方式保存幾近滅種的農牧食品；推廣有理想的農家、牧場、食品加工業者，以保持市場多樣性；還有最重要的，強調食物與自然的和諧關係，並注重生態平衡。

慢食運動成功激起人們的思考與共鳴，連鎖企業開始反省，過於急促的腳步是否會對地球產生不可逆的傷害，不少人也開始注重食物來源，希望吃得

好，吃得輕鬆、自在，最好還要吃得心態正確。這三十多年，慢食運動顯著提升消費者與生產者的良知，可說是二十世紀最重要的飲食文化社會運動。

慢食生活是一種選擇，而蔬食主義，就是站在慢食的巨人肩膀上，看向更遠的未來。

蔬食文化，東西分明。亞洲各國多半將茹素與佛教文化看作一類，不少人還認為只有宗教信仰者或是需祈願時才茹素，且在佛教清心寡欲的觀念下，也鮮少有人追求過於精緻的素食料理。歐美就不同了，二十一世紀，歐美蔬食人口快速提升，不比亞洲將素食和宗教連結，他們體悟到溫室效應、狂牛症與禽流感、重金屬汙染等都與肉食有關，因此便以「健康」、「環保」與「愛護地球」為初衷，開始進行蔬食生活，這點便與慢食運動不謀而合。

根據美國素食者協會統計，美國素食者在 2% 至 8% 之間、英國與義大利約 7%、德國為 8.4%、瑞士則高達有 14% 的人口，嚴格遵循無肉飲食。名人推廣、知名餐館轉型成蔬食餐廳、植物肉問世等原因，在歐美，吃素變得超時尚，不少食品業者也極力發展蔬食產品，蔬食餐廳多以融合健康、營養、美食、環保和時尚為訴求來推廣，形塑一股無法忽視的素食文化新浪潮。而這股風潮，也從歐美反吹回亞洲，此次進行「豐蔬食 2 蔬食餐廳尋訪之旅」時就有察覺，短短一年間，台灣又多了不少時髦優雅的蔬食餐廳，他們吸收洋風，突破老派素食窠臼，製作出美麗精湛的各種創意蔬食，看樣子，現在台灣也跟上歐美腳步，吃素可是一派潮流呢！

風味的來源，
掌握鮮味、發酵食物與香料

抗拒蔬食的人，腦海中應該都有「蔬食不好吃」的偏見，而我因為在廚房工作習慣了，用材選料早已有了匠氣，壓根沒想過若沒有骨頭，高湯要怎麼熬，沒有肉類的主菜可以怎麼呈現。而隨著《豐蔬食 2》從籌備階段到品評過程，我開始接收海量蔬食資訊，也品嚐了百家蔬食餐廳，這才發現有無使用動物性食材，其實跟美味與否毫無瓜葛牽連，無肉，鼎裡絕對也會香，這也讓我感到慚愧，原來過去拒蔬食於千里之

外，是自己心胸狹隘、雞腸鳥肚。

如果你是蔬食者，或是有將蔬食推廣出去的使命感，以下是給你在烹飪蔬食的一點建議，雖然不見得一定能做成珍饈美饌，但賦予豐富香氣或增添明暗層次，還是可期待的。

我們為什麼會覺得東西好吃？很多時候是因為食物裡「鮮味」的成分。雖然人類很早就知道「鮮」的美味（像是醬油），但一直到 1985 年，鮮味才被科學化，是酸甜苦辣後的第五味。鮮味能誘發垂涎，使人食欲大開，但要能激出鮮味卻不是件易事，鮮味物質主要

為肌苷酸跟麩胺酸，這些極為拗口的化學名稱，其實都是胺基酸，而胺基酸是構成蛋白質的基本單位，說到這裡，你大概就能猜到了，難怪那些讓人流口水的美味，幾乎清一色都是肉類或海鮮料理。

不過造物者還是沒有過於偏袒葷食者的，日後，人們在香菇內也發現到麩胺酸、在昆布當中則找到鳥苷酸，至此，香菇跟昆布成為蔬食料理最重要的鮮味來源。如果你覺得自己炒的菜或是熬的湯，就是少了那一點點讓人雀躍的美味，不妨加點葷菇海帶（乾貨更佳），相信滋味就可以有明顯的提升。

另一個讓料理更好吃的技巧，是善用發酵食材。

發酵，是歷史悠長的食品加工法，在沒有冰箱的時代，發酵可以增加食物的保存期限，而因微生物在分解蛋白質時，會因為胺基酸的游離，積蘊出獨特的深沉芬芳，這也讓發酵食材比起新鮮的，多了一股截然不同的風味。

發酵食品廣泛地存在於我們生活中，縱觀世界各地，都有流傳悠久的發酵食物，而且極大多數是蔬食。像是日本的米麴、味噌、納豆，韓國的泡菜、西方的麵包、葡萄酒，台灣的豆豉、豆腐乳，印尼的天貝，調味料中的醬油、醋、味醂等，而若是蛋奶素，還有起司跟優格可用。這些發酵食材都有一個共同特徵，便是隨著光陰推移、靜置儲放，收斂了本來單刀直入的簡白口感，沉澱出曲折幽深的婉轉滋味，在入菜後，更如催化劑般，激發並凝聚其他食材的美味。而隨著健康觀念抬頭，發酵食品的天然、健康及營養價值也受到不少矚目，進而引發新的潮流，如康普茶（Kombucha）。

最近相當流行的康普茶，是利用紅茶菌母來對加糖的茶湯進行發酵而成。在菌種分解糖分後，會產生大量的二氧化碳跟醋酸，因此康普茶口感才會如此獨特。我第一次喝康普茶，隨即被圈粉，這種自帶酸氣的茶飲相當讓人驚艷，滋味輕盈、酸度醒神，還有如香檳般的細緻氣泡，單喝雖好，但我暗想，要是把康普茶拿來做調酒，那肯定更能使人心醉吧！

掌握了鮮味來源與發酵食材後，恭喜你已經能完成 90% 以上的好味蔬食，但若要達到盡善盡美，最終的10%，就得靠香料植物帶來的魔力了。

很多人在料理時往往怯於使用香料植物，深怕一下重手就毀了整鍋燉菜，這倒是多慮了，雖然也有氣味跋扈張揚的香料（如丁香跟八角），但

多數香料其實都極為溫順親人，只要勇敢使用，菜餚馬上就有大廚風範，而身為蔬食烹飪者，香料絕對是該好好善用的氣味寶庫。

一般來說，香料分成乾燥跟新鮮的兩種，乾燥保存容易，可在家中常備。我自己習慣在爆香時放點月桂葉跟百里香，製作燉煮料理或湯品時，也會加入少許的豆蔻、迷迭香，或是葛縷子。如果你喜歡異國風味，不妨多用咖哩、孜然，想要讓菜餚顏色更加引人食欲，則可放番紅花、匈牙利紅椒或是薑黃，喔對了，白胡椒與黑胡椒粒絕對是常備，煮什麼都可加，烤蛋糕時，也可

稍稍撒些肉桂粉……太多了，說也說不完，縱橫交錯變化萬千，香料世界就是這麼迷人。

新鮮香草較乾燥香料多了清新的原始芬芳，有沒有在披薩上吃到過羅勒葉？你也可以照本宣科，養一盆羅勒在家，想用便可信手捻來。還有薄荷跟薰衣草，可裝飾甜品還能泡茶驅蟲，也是極為好養。另外我也推薦自種香茅跟檸檬葉，這兩種香草在外面買可是所費不貲，但當你有一天想煮鍋泰式酸辣湯，缺不得這兩味時，便會發現自產自用，是多麼愉悅自在。

這些美食都是蔬食，
在台灣吃蔬食好容易

　　蔬食生活很困難嗎？在其他國家也許是，但在台灣，絕對要比你所想簡單得多。台灣人愛吃，也懂吃，各種美食在小島上匯聚，飲食樣貌十分多元，堪稱世界美食大國。這可不是自我感覺良好，而是有經全球認可，觀光局曾公布外籍遊客來台消費及動向調查，發現有高達 72% 的觀光客是為了「吃」而造訪台灣，他們嚮往來台灣大吃一頓，

勝過看山海美景，其中又以夜市小吃最能擄獲芳心。

　　夜市小吃豐富多樣，其中不乏是蔬食者（嚴格素除外）可安心食用的選項，像是全植物性的芋圓冰、臭豆腐、豆花、車輪餅、地瓜球、蘿蔔糕，蛋奶素可食的蔥抓餅、珍珠奶茶、花生泡泡冰。而隨著台灣蔬食人口現已超過 10%，且還在不斷攀高的狀況下，蔬食也越加百花齊放，已有商人腦筋動得飛快，將刈包、鹽水雞、鹽酥雞、小籠包、牛肉麵、大

腸麵線等做成全素版本，甚至還出現蔬食版的吃到飽、台式熱炒、麻辣火鍋，就連連鎖便利商店也開始製作全蔬食餐盒，選擇之多，讓人目不暇給。

說到這，我由衷佩服蔬食創作者的機智與創意，像是超級葷的豬血糕，用紫菜打碎來做竟然毫無破綻，海鮮貝類用蒟蒻來形塑，也是幾可亂真，植物肉更是神物，問世之後，所有絞肉類食物，如漢堡、肉包、水餃，通通有了蔬食靈魂，還出乎意料地好吃。不過有些正義魔人會對這種「已經吃素還對葷食有所欲念」的行為開砲，說吃素肉素魚很「假掰」，既然都選擇吃素了，就應該「六根清淨」。坦白說，我對這種言論相當不以為然，蔬食是一種選擇，既

不尊貴高尚也不庸俗低下，實在不用施加原罪，更何況無論葷素，尊重別人的飲食習慣，可是最基本的道德修養呢。

你可能跟我一樣，也曾對蔬食帶著有色眼光，覺得茹素必有所求目的，害怕走進成天放著梵音，招牌上寫著卍字或貼著蓮花，油氣衝天的那種素食餐廳。是時候該拋下這樣的成見了，身處台灣這樣的蔬食天堂，要過蔬食生活，無須刻意也不用勉強，只要按照自己的飲食習慣輕鬆自在過日子就好。覺得這陣子肉吃多了，可能一週一到兩天，或是一天一餐改以蔬食攝取，沒有壓力地慢慢改變，不知不覺，你會漸漸察覺體態好像輕盈了一些，心境上也更為開闊包容了。

「豐蔬食」
星評鑑指南

《豐蔬食》廣受好評，讓我們在策畫《豐蔬食 2》時更加謹慎。

這次我們仍採取神祕客的方式，逐一暗訪全台近百間蔬食餐廳。

比較不同的地方是，此次所有餐廳都專注供應全素、蛋奶素、五辛素或是維根（Vegan）的餐點，葷素共食已不再納入。

之所以這麼做，並不是要強調葷素間的涇渭分明，而是在訪查中，發現台灣蔬食餐廳已有十足進步，光是蔬食餐廳已數不勝數，只好割捨多如牛毛的葷素共食餐廳。

至於在評鑑標準上，經多方討論，我們決定讓《豐蔬食 2》維持固有的四個等級，分別是推薦、一星、二星與三星。

推薦（☆☆☆）：菜色新穎或口味佳，值得一嚐。

一星（★☆☆）：料理讓人驚艷，其他部分也達到基本水準。

二星（★★☆）：廚藝精湛，品嚐到其獨特，菜色具識別度。

三星（★★★）：匠心獨具、引領潮流，短期之內難以被複製或取代。

同時，《豐蔬食 2》也調整了編排順序，這次我們採用地域畫分，將台灣本島共十六個行政區域分為北（雙北、桃園、新竹）、中（苗栗、台中、彰化、南投、雲林）、南（嘉義、台南、高雄、屏東）、東（宜蘭、花蓮、台東）四區，依序羅列介紹，讓你每到一處便能按圖索驥，找到合適的蔬食餐廳。

在漫長的品鑑過程中，我們足跡遍布全台，已努力吃遍各地的優秀餐廳，但餐廳數量實在眾多，心餘力絀、鞭長莫及下總有疏失錯漏，還請包容諒解。

大千世界，浩瀚無垠，我無意以睥睨天下的高傲姿態來評斷蔬食餐廳，初衷是來自於分享與鼓勵，不僅讓蔬食者在尋覓餐廳時可有所參考，也盼葷食者透過此書，了解不斷進化演變的蔬食世界，是多麼豐沛而有活力。

特別提醒|

本書採訪時間為 2020、2021 年間，店家營業資訊、供應菜色等相關狀況時有變動，
建議以電話或網路再行確認。

素食的類別 ────────────────────────────

全素（嚴格素）：指食用不含奶蛋，也不含蔥、蒜、韭、薤菜及興蕖等五辛或洋蔥的純植物性食品。

蛋素：以全素或純素為原則，但可接受蛋製品。

奶素：以全素或純素為原則，但可接受奶製品。

蛋奶素：以全素或純素為原則，但可接受奶、蛋製品。

植物五辛素：指食用植物性食物，但可含五辛或奶蛋。

維根（Vegan）：植物性食物各種辛香料都吃，但完全摒除動物成分製品，不只不吃蛋奶、乳製品，
也不吃蜂蜜。

感謝參與評鑑名單｜依姓氏筆畫排序

Frances、Jerry 陳昆煌、KIMIKO、zong 嚨來共、孔勝民、王子麵、王永良、王彥浩、王泰隆、台東官官、光良、江美琪、吳克群、吳幸容、找蔬食、李秀媛、李玫萱、李建凱、林上筵、林安平、邱繼勤、柯瑞德、高正賢、高永誠、夠維根、野菜鹿鹿、陳靚、彭啟明、黃益中、溫士凱、葛大為、蔡詩萍、鄭偉柏、鄭朝方、賴冠仲、賴煜杰、謝向榮、藍鈞天

二次入選店

在祥和蔬食料理
我推薦水煮牛肉

1 | 川味蔬食 掀起口腔風暴

三星★★★

米其林必比登連續四年推薦
沒有蔥蒜的川菜

祥和蔬食料理

📍 台北市松山區南京東路三段 303 巷 7 弄 7 號　　📞 02-25466188　　🍃 全素

　　我愛吃辣，尤其是川菜的辣，這種在內陸蜀地誕生的鮮明滋味，經過千年，裂變出無數明暗輕重，一菜一格，百菜百味，學問可深了。

　　台灣的川菜館，經常轉注假借各種飲食風尚，將鮮明銳利轉化為韻致共融，因此更容易擄獲人心。再說到台北的蔬食川菜館，當然得提到連續多年得米其林必比登肯定的祥和蔬食料理了。祥和是老字號餐館，口碑極佳、麻辣適中、品質穩定。我私心所認慶城店比鎮江街的創始店更好吃，但這是我主觀判斷，老饕們可不用放在心上。

　　打開祥和的菜單，一點都不像蔬食餐廳，川味名菜夫妻肺片、麻婆豆腐、宮保雞丁都羅列其上，若不嗜辣，也有像是乾炸白玉筍、碧綠猴頭菇、菜飯等清雅好味。我鍾愛他們的水煮牛，油亮亮的，青花椒跟辣椒都放得足，頗有道地川菜的風範；紅油抄手皮雖薄但有勁道，素餡明淨清爽，是我吃過的抄手中，數一數二美味的。

　　拜訪這天，老闆娘笑盈盈地端上一盅奶白色的湯品，說這是即將登上新菜名單的酸湯牛，看我把每道菜吃到盤底朝天，就先讓我試吃。嚐一口，這酸湯牛還真好喝，無論是酸跟辣都相當內斂含蓄，挖了下料，看到酸豇豆跟酸白菜，還有泡椒跟青花椒，在經過發酵轉化後，本來尖銳的酸與辣，現如光影般明暗遞變，這是光陰的魔法，也只有真正用心的店家，才捨得花時間在熟成上等待。

　　在這紛亂世代，人人都需要靠外力來麻醉自己，菸酒傷身，但花椒辣椒可不會，用舌麻來梳理心亂如麻，無論心靈軟弱還是肉體癱傷，什麼不也都好了。

> **美食小知識**
> 辣椒在清朝時才傳入中國，在這之前，川菜是不可能見到辣椒身影的。雖然沒有辣椒，不過當時川菜就已經很辣了，辣味來源則來自薑跟花椒。辣椒的出現大大改變了川菜風貌，而由辣椒衍生出來的豆瓣醬，更成為川菜不可或缺的重要調料。

2 | 山蔬養胃 創意養心

在養心茶樓
我推薦天香腐皮卷

二星 ★★☆

猴頭菇專家
甜點也都好吃

養心茶樓

📍 台北市中山區松江路 128 號 2 樓　　📞 02-25428828　　🍃 全素／蛋奶素

　　《豐蔬食》就曾登場的養心茶樓，這次依然被列入推薦餐廳中，原因顯而易見，作為台北第一家蔬食港式飲茶餐廳，他們沒有因為生意大好就墨守成規，時不時獻上新菜，讓老客人甘願一再上門，我也是想到養心茶樓，就忍不住食指大動。

　　養心茶樓的廚藝團隊擅長五湖四海各類菜系，強調天然、在地、色香味俱全，並刻意減少使用加工素料。另外，如魔術般改變食材形狀、放大風味精華，更是他們的獨門技巧。

　　以前我來養心茶樓，經常都是滿桌點心，此次我刻意改變點菜習慣，因為他們可不只港點好吃，冷盤熱菜亦有水準。養心茶樓是我所見餐廳中，最愛使用猴頭菇的，從涼拌到熱炒，炙烤到油炸，都有猴頭菇的身影。這天，我點了道「酒香猴菇片」，如鮑魚般的肥潤菇片，浸滿了酒香湯水，織密又多汁的口感，甜冽芳美。熱菜「紅茶吉丁」也不錯，猴頭菇神似雞丁，茶香輕柔飄渺，厚實兼著軟媚，真是好吃。

養心茶樓另一處亮點，是善於搭配組合迥異的食材。「天香腐皮卷」就用層層薄脆腐皮包著臭豆腐跟皮蛋，看似光怪陸離，竟調和出具戲劇性但又和諧的味道，咀嚼過後甘腴湧現，齒頰生香。對了，經常被疏忽的甜點，養心茶樓也有好表現，法式焗布丁最好吃了，香濃滑順，核桃露也不錯，醇厚馥郁。

將山蔬野菌賦予全新靈魂，養心茶樓今年依然討人歡心，這些創意料理飽含了文化信仰與在地脈絡，還蘊藏推廣蔬食的澎派熱情，食客們透過更廣泛的舌尖體驗感知感到愉悅歡快，只要美味，其餘皆變得朦朧虛軟，吃葷吃素，在養心茶樓早已沒有界線。

美食小知識

乾燥的猴頭菇通常帶有苦味，要去除苦味，可先用水浸泡至少八小時，再用稀釋過的太白粉水浸泡十五分鐘，之後將蒂頭剪掉，最後反覆搓洗、壓乾菇身，重複搓洗至水色轉清即可。

在 Herbivore
我推薦特製烤鴨

3 | 鋼鐵森林中的 一片綠洲

二星 ★★☆

#草食男不難
#相機先吃

Herbivore

📍 台北市大安區復興南路一段 107 巷 5 弄 8 號　📞 02-27210258　🍃 維根（Vegan）

美食小知識

鷹嘴豆又叫雪蓮子，內含植物性食材少有的維生素 B，蛋白質含量亦豐，是蔬食料理中常見食材。烹調鷹嘴豆會遇到的麻煩，多半是久煮不爛，這是因為烹飪前水泡得不夠久，鷹嘴豆建議最好浸泡十二小時再行料理，這樣無論是磨泥、水煮或烘烤，都較易軟熟。

問一百個素食者「為何開始吃素」，相信你會得到一百種不同的答案，但其實中心思想是一致的，那便是善待動物、不殺生、以眾生平等與環保之心來愛地球。「BE KIND TO EVERY KIND」寫在 Herbivore 店內正中央，簡單五個字將品牌精神表露無遺，也許善就是從餐桌開始，如此簡單。

　　位於台北市東區後巷的「Herbivore」身處蔬食一級戰區，卻可以靠著創新菜色與精緻食材搭配，成為箇中翹楚。二十年前開始吃素，就再也未嘗過烤鴨這道料理，沒想到在這邊卻可以大啖這道經典中式「手路菜」。他們的特製烤鴨，一上桌總引來饕客嘖嘖稱奇，金黃發亮的酥皮相當誘人，搭配春餅、新鮮蔬菜與甜麵醬，麵餅在沾附甜麵醬後，誘發淡淡煙燻香氣，新鮮生菜讓口腔保持清新，層次堆疊口感多變，讓人非常滿足。

　　爆蔥餡餅與水果莎莎鷹嘴豆泥也是不可錯過的「鐵板」料理，除了味道極佳，更是打卡神器。尤其是後者，Herbivore 將草莓、藍莓與多種鮮果結合鷹嘴豆泥，創造出溫潤清新的嶄新口感。雖然鷹嘴豆含有豐富的維生素 B，不少人視為健康食材，但我總覺得泥狀鷹嘴豆並不耐吃，吃多還會膩口不適。不過 Herbivore 卻顛覆了我的觀點，輕盈順口、酸甜可人，讓人一口接一口，完全停不下來。

　　我常說「吃好的也要吃好吃的」，在這裡已經完美體現了此話意涵。

4

在 SUN BERNO 光焙若蔬食
我推薦古巴窯烤玉米沙拉

展現食材原味
色彩豔麗

二星★★☆

食材本色滋味
陽光能量

SUN BERNO 光焙若蔬食

台中市西區向上路一段 79 巷 50 號　　04-23027613　　全素／五辛素／蛋奶素

　　有時會突然感到口胃昏鈍，需要更多外在刺激才能激起食欲，但又怕攝入過多人工調味劑，此時若能兼顧食材本色與多變滋味，那才讓人齒頰生津、眼睛發亮。吃蔬食二十多年了，雖不算專業食家，但也練出火眼金睛，只要一看，就知道盤中有沒有添加色素調料。台中的光焙若蔬食以多樣化料理引人注目，紫紅、金黃、鮮綠，道道色彩豔麗，且都源於天然，吃進肚絕不怕胃囊染色。

　　窗明几淨、環境優雅，是光焙若蔬食給我的第一印象，一樓那貼著金色磁磚的披薩爐爐火正旺，焦香撲鼻而來，引得人饞蟲發作。來這邊，建議一定要點個披薩，嗜吃辣者，首選酥麻麻披薩，以手工拋甩的薄脆餅皮上，有著濃郁的莫札瑞拉起士，主角是軟熟的烤茄子，一口咬下，酥脆之餘，花椒冷麻緩緩飄來，加上爽口的小黃瓜片，竟有品嚐到川味棒棒雞的錯覺。

另一道出色美味，是豪氣的古巴窯烤玉米沙拉，這是我第一次看到整根玉米毫無修飾地放上盤中，看似豪邁粗野，實則平衡用心。甜玉米撒有以孜然為基底，讓人陶醉的香料芬芳，大火烤炙後油潤酥甜，一支還嫌不夠吃，旁邊附的沙拉與堅果麵包則吊出新鮮與飽足。其餘小點也頗精緻。三色甜薯，脆口甘香；韓式炸雞，酥糯濃甜；還有黑糖肉桂薄餅佐蘋果醬，那蘋果醬甜得幾乎能引來蜜蜂，讓人連吃好幾片。

　　仿造帶來的美味雖然華麗，但總嫌粗韌扁平，吃多了可能還有傷身之虞。在 SUN BERNO 光焙若蔬食，盤中料理多以原型見人，肌理畢露，口味更是直觀。這種沒有贅飾的美味，感受到的，是來自大自然的友善，對於吃蔬食的人來說，這樣的食物，最暖心。

> **美食小知識**
> 玉米是全世界產量最高的糧食作物，年產量為十一億噸左右，不過除了中南美洲的墨西哥、巴西等國，亞洲與歐洲則較少以玉米作為主食。那這麼多玉米都去哪裡了呢？其實有 65% 的玉米是作為畜牧業的飼料，養活了無數牛豬羊隻，還有各種家禽。

在熱浪島南洋蔬食茶堂
我推薦爪哇麵

5 | 南洋料理大本營

一星★☆☆

豐艷的南洋口味
香料芬芳引發食欲

熱浪島南洋蔬食茶堂

📍台中市南屯區向上路三段 536 號　　📞04-23801133　　🥢全素／蛋奶素

心神駑鈍、靈魂渙散，一入盛夏，動輒三、四十度的高溫，總讓我食欲大減，連帶做什麼事情都提不起勁。苦夏漫長，但也不能就這樣苟且懶散、得過且過，這邊提供一個振奮精神的絕佳妙招，那就是去熱浪島衝浪，不用檢測也無須隔離，便能恣意在新加坡、馬來西亞、泰國、印尼等國之間巡遊。

東南亞料理在米麵食上的萬千變化，每一道都能寫成一篇地方文化誌。熱浪島的菜單，不僅蒐羅完整也跨越疆域，這盤閃著鎏金光澤的爪哇麵，聽名字便知來自印尼，其中咖哩醬汁最講究，得將番茄與馬鈴薯煮到熟爛、精萃盡出，配上油亮的粗麵以及大把花生碎，口感多變，滋味也使人心醉。如嗜吃辣，就得嚐嚐泰式酸辣粉絲，湯底以香茅和番茄賦香，清爽明亮，辣度也直白，口口還能吃到蔬菜甘甜與香料氣息。

熱浪島另有一亮點，便是套餐所附上的甜點，有七葉奶酪跟摩摩喳喳可選。摩摩喳喳是我心中所愛，雖是附贈，但可不馬虎敷衍，芋頭塊、地瓜丁、西米露、椰奶，兩款色澤亮麗的果凍，綠色由七葉蘭汁製成，紅色則是甜菜根汁，冰涼且濃稠清甜，要不是主食已讓人撐腸拄肚，我可以吃下一大碗。

美食小知識

七葉蘭又叫香蘭葉，使用時多榨取其綠色汁液，混在米糰或是麵點之中，除讓料理染上讓人愉悅的青綠色外，還賦予類似芋頭的淡淡芳香。最有名的七葉蘭料理，應是新加坡的綠蛋糕，綿密細緻香氣獨特，是到獅城旅遊必買的伴手禮。

　　舌尖上的單純痛快，南洋料理最能具體詮釋，這也是我時不時就想往熱浪島報到的原因。而除了台中旗艦店外，在中壢、員林、斗六以及高雄，熱浪島亦有據點，這對全台蔬食者無疑是個好消息，特別此刻因疫情坐困愁城，一碗肉骨茶或是叻沙，便能讓靈魂被召喚至南洋國度，享受好久不見的海風吹拂與豔陽柔情。

6 | 十種麵食 環遊世界

在 SMAN 十麵
我推薦老闆的家鄉麵

一星 ★☆☆

#十種經典麵食
#自製手打麵條

SMAN 十麵

📍 高雄市鼓山區美術東二路 436 號　　📞 07-5557566　　🍃 全素／蛋奶素

　　這家麵店真大膽，竟敢一次推出十種麵食，還一次挑戰十個地區的經典麵食，更讓人捏把冷汗的，這十碗麵全是蔬食，難不成店主會變魔術？還是曾經周遊列國？每次提到高雄的 SMAN 十麵，以上質疑總在腦中揮之不去，只好驅車南下，再去試一遍主廚手藝，順便當環遊世界。

　　從中原到南洋，從內陸到海島，在 SMAN 十麵，經緯疆域變得更為涇渭分明，人人都用城市來點麵。一碗京都、兩碗河內、三碗釜山、四碗蘭州，我乾脆就當作在機場，正準備飛往令人嚮往的美味國度。

　　猶豫不決，我最終點了「泰國」、「蘭州」跟「家鄉」。這碗泰式酸辣河粉，宛如收斂了昭披耶河的水色芬芳，酸辣開胃、光幻多姿，實現了異地的綺麗想像。蘭州清燉十三香則溫順多了，芹菜決定了湯底調性，菇絲清美、芝麻圓融，正以為此碗和藹可親，辣意卻在嚥下後單刀殺入舌側，讓人措手不及。

　　最後一碗「老闆的家鄉麵」上桌了，猴菇拌醬鮮滋味濃，捎來熟悉親切的呼喚，本來以為再也吃不下了，但在香氣催化下，我又吞了好幾口麵。這才知道，原來最好吃的東西，通常是最熟悉、最純實的家鄉味。

> **美食小知識**
> 蘭州拉麵是發源於中國甘肅的庶民小吃，最大特色是在客人點單後，才開始以手工製作麵條，由於麵糰有著極高的韌性與彈度，所以「拉麵」過程相當耗力，現拉現吃，也成為各家麵店招攬生意的活廣告。現在蘭州拉麵與沙縣小吃、黃燜雞米飯，已名列為中國三大小吃。

在五郎時食
我推薦無菜單料理

7 | 濃縮匠人巧心的 精湛美食秀

三星 ★★★

葷食模仿秀
超搞剛日式蔬食

五郎時食

📍 高雄市左營區富民路 66 號　　📞 07-5506280　　🍃 全素／五辛素／蛋奶素

　　在《豐蔬食》中，五郎時食是唯一讓我心悅誠服的店家，決定出版《豐蔬食2》
後，我隨即南下再訪。這一次，五郎時食改為無菜單套餐，一套下來，感覺到主廚
精銳盡出，驚喜更勝初訪。

　　五郎時食以正統會席料理順序上菜，先以各種「偽裝」拉開序幕。鮪魚酪梨握
壽司以去皮紅椒模仿鮪魚赤肉；星鰻握壽司則用皇帝豆和茄子來仿製鰻魚肌理；最
讓人吃驚的是，百靈菇化作牡蠣的精彩變身，豈只惟妙惟肖，簡直欺騙味蕾，讓人
甘願信服這就是貨真價實的海中珍饈。

　　創意展現，亦讓人拍案叫絕。開胃菜「百次爆彈」，以發酵黑豆拌自製泡菜，
滑不溜丟，用海苔包著吃，是進化版納豆手卷；「起士焦蕉卷」口感豐富，香蕉軟滑、
焦糖甜脆、起士濃醇，還有一點點的辣，問了主廚才知道他偷偷藏了紅薑在裡頭。

　　沒有多餘贅飾，五郎時食把所有用心之處，都藏在不太容易察覺的地方，不過只要入口，就能深切體會到其精妙絕倫。好吃的東西絕對「搞剛」，但正因為有這樣的堅持，匠心得以保留，我們也才能恣意在舌頭上做夢，夢一場超凡脫俗，夢一場酣暢淋漓。

美食小知識
由於頂上主角搶戲，很多人都忽略了壽司中醋飯的重要性。優良的醋飯，會使用以酒粕來發酵的天然醋，這種醋的特色是胺基酸含量高，約是一般白醋的十倍，散發自然的柔和甜味，會使壽司口感更為圓潤。

在舒食男孩
我推薦無菜單套餐

8 在花東縱谷打翻了七彩顏料

一星★☆☆

\# 發揚在地物產特色
\# 連配菜都用心

舒食男孩

📍 台東縣池上鄉中華路 69 號　　📞 08-9863073　　🌿 全素／蛋奶素

　　在茄苳樹的光影中醒來，一旁就是綠油油的稻田，再晚兩個月，海風吹過低頭金穗，一片金光閃耀夾雜稻香，那才是最美風景。再多的形容詞都難以表達我對這塊土地的喜愛，一年當中，我總會找個幾天來台東「short stay」，就算只有三五天也好，這裡的水跟空氣有神效，可讓人重振精神、脫胎換骨。

　　一覺睡到自然醒，便起身往舒食男孩走去。台東有最好的水、陽光和空氣，此地孕育的農產品質自是拔尖。在舒食男孩，這些珍物得到最適切的調理，凡來台東我必登門造訪，看看又施了什麼新奇花招，是否又變出更多別出心裁的美味蔬食。

　　菜單品項豐富，若不知從何下手，不妨來份招牌的「無菜單套餐」，套餐內容都是店家當日決定，吃到什麼全憑運氣。這天的主菜是「梅乾蔬香飯」，在豐艷的紫米飯上澆淋自家製梅乾菜，米香夾雜清爽鹹甘，明媚動人且底氣依舊。搭配小菜也極為用心，紅龍果醃漬的蓮藕、酥脆的茄子天婦羅、馬告調味的四季豆跟玉米筍，還有塊金黃芋頭糕，精萃盡出，店家所有的拿手菜幾乎囊括其中。

　　五顏六色、多采多姿，舒食男孩的餐桌總像畫布一般。我猜想這些油彩顏料，主成分應有烈日的熱力、太平洋的鹹風、秀姑巒溪的波湧，是專屬台東的顏色，比起城市的烏黑黯淡，我更想跌進這彩色的漩渦之中，悠然旋轉，便可忘記所有煩憂。

美食小知識

為了推廣慢食精神與地方飲食文化，台東每年都會舉辦慢食節。在地店家將東台灣的農特產，萃取精煉成餐桌上的美味，而在活動會場，也摒棄使用一次性餐具，改以月桃葉、血桐葉、椰子殼等自然素材食器盛裝，有趣又環保。

餐
廳

在上善豆家
我推薦滷白菜丸子

9 | 品豆腐方知 人生甘美

一星 ★☆☆

#非基改黃豆
#所有豆製品料理都好吃

上善豆家

📍 台北市大安區復興南路一段 107 巷 16 號　　📞 02-27316991　　🥄 全素／蛋奶素

　　人類食用黃豆的起源很早,在新石器時代就有栽種的紀錄,跟稻米、小麥作為主食有別,黃豆富含油脂跟植物性蛋白質,更常被用來榨油、磨粉與釀造。對蔬食者來說,由黃豆衍生出的豆腐、豆漿、豆皮等各種製品,更是餐桌上不可缺少的要角,「如果將蔬食比擬為一首歌,豆製品就像是歌詞韻腳。」我總這樣覺得。

　　柔黃燈光與木質色調,捎來滿滿暖意的「上善豆家」是間以黃豆為主打的蔬食專門店,店內最有特色之處,是所有豆製品都是自家製,以前還會在現場製作湯葉(濕豆皮),木棒一撈,撈出一件薄如蟬翼、吹彈可破的霓裳羽衣,澄澄漾漾的,光用看的就讓人出神,只可惜現在已不再做了,真是可惜。

　　無論是豆腐、豆漿還是豆皮,在上善豆家都是千面女郎。用豆腐做的肉丸子,沒有多餘的配料,濕潤香滑,搭配的白菜也滷得清嫩,是店內招牌菜。如果想吃點小巧點心,可嘗試金針豆包,自己做的豆包果然出色,織密又吸湯水,內餡金針菇則填充了密度與黏性,吊出豐濃滋味。

　　來上善豆家只要點套豆膳餐點，或是加價 150 元，就能將蔬食樂自助吧吃到飽，除了提供多樣化的鮮蔬料理外，還有水煮的板豆腐。板豆腐十分好吃，並不因組成簡單而空洞扁平，反倒能嚐到最純粹的豆香，這種好久不見的單純好味甫入口，才知什麼山珍海味都比不上眼前這塊豆腐，能夠讓我如此悸動渴盼、反覆眷戀。

美食小知識

豆腐種類繁多，嫩豆腐水分含量高，可涼拌或加入火鍋；板豆腐口感紮實，煮、炒、炸都很適合；雞蛋豆腐添加了雞蛋，小朋友通常愛吃。至於芙蓉豆腐其實是蒸蛋，魚豆腐裡多半是魚漿，百頁豆腐則是大豆蛋白跟沙拉油，三者都不能算豆腐。

10 | 麻辣熱燙
小心上癮

推薦☆☆☆

＃溫潤中藥入鍋底
＃吃到飽

小心上癮素食麻辣火鍋

📍台北市松山區南京東路五段 61-3 號　📞02-27631096　🍃全素／蛋奶素

美食小知識

碧玉筍是金針花的嫩莖，每年春夏是產季，甘甜脆口，可用和蘆筍一樣
的料理方式烹飪，清炒煮湯或涼拌都好吃。冰藻則是生活在潔淨冷冽海
水的一種海藻，滑溜爽口，富含植物性膠質，萃取後可做凝結劑使用。

　　麻辣鍋又可愛又可恨，可愛的是這熱氣蒸騰、麻辣噴香，讓人一吃上癮；可恨
的是這油光四溢，一看就知道熱量實在不低，偶一食之還好，若日日狂酗，腰內肉
可會以等比級數之勢暴增囤積。

　　如果有蔬食版的麻辣鍋，會不會降低一點罪惡感？理論上是會的，沒了牛油肥
肉，以蔬食為主的火鍋料，多少降低脂肪攝入，不過這只是鏡花水月般的自欺欺人，
美食當前，減肥永遠是明天的事。

　　我吃「小心上癮」十幾年了，這家蔬食麻辣火鍋，總在我需要療癒時，給我一
個火辣辣的擁抱。麻辣鍋的靈魂當然是鍋底，小心上癮用了二十多種中藥材，再與
大量蔬菜一同熬製成川渝口味的炙烈鍋底，麻辣帶勁，但仍保有老薑跟中藥材的醇
厚氣息，就算吃多，腸胃也少有不適。我也欣賞他們在食材上的用心，像是少見的
碧玉筍、冰藻，一個鮮脆、一個滑溜，其他蛋奶素或全素的火鍋料也都精緻適口。

　　如果不巧約到不吃辣的朋友，這裡還有番茄、酸菜等鍋底，點個鴛鴦鍋便能皆
大歡喜。更棒的是小心上癮採吃到飽方式，點菜不用考慮別人，來這裡就自顧自地
徜徉在數十種蔬菜與火鍋料中，難以自拔也無須自拔了。

11 仁里為美
食蔬為善

在仁里居
我推薦塔香檸汁拌麵

一星★☆☆

大量使用原型食物
五行蔬果新鮮提供

仁里居

📍 台北市大安區建國南路二段 151 巷 16 號　　📞 02-27062522　　🍃 全素／維根（Vegan）

　　吃飯這件事情，無形折射出我們的生活方式、人生態度和價值觀，因此不少哲
學家均提出他們對飲食的獨到見解。孔子大概是最講究「吃」的先賢了，他說「食
不厭精，膾不厭細」，可見孔子在飲食美學上「禮」的追求。而道家則將重心放於
養生，順應陰陽五行、四時節氣的平衡觀，更是流傳至今，成為不少人奉為圭臬的
飲食法則。

　　所謂五行，可以理解為人體、季節與金、木、水、火、土間相互感應的調合關係，
要深入論述五行，只怕用一本書也說不完。

　　在飲食上，我的謬解便是多方攝取，不要偏愛或偏重什麼。我當然沒有成仙的
祈求，但覺得智慧可累積千年，絕對有其道理，更何況飲食均衡本就是健康之道，
吃遍顏色還能養生，何樂而不為？

美食小知識

孔子或許是中國最早的美食家，從他留下的言行紀錄，發現孔子對於飲食非常講究，對食物的色香味意形也都有獨到見解，像是不以正規方式切的肉就不吃，關於用餐時間與禮節他也有要求，最為人所知的便是「食不語，寢不言」。

　　穿過綠樹蔥蔥、枝葉扶疏的大安森林公園，便能找到隱於市街的仁里居，這裡是我覺得最近顏色攝取太少時，會直接浮現於腦海中的店家。仁里居之名，來自「仁里為美，食蔬為善」，店內提供純素植物性無蛋奶、部分無麩質餐點，且盡量採用友善或有機農法栽種的食材，體現了盡善盡美的飲食風尚。

　　都市人哪有時間上市場買五色蔬果？忘記自己吃幾樣蔬菜時，就來碗仁里居的「塔香檸汁拌麵」，紅黃白綠黑五種顏色的蔬菜一應齊備，還放了有機板豆腐，與檸檬九層塔醬汁拌勻，鮮酸辣三味備齊，天熱的時候吃真是開胃爽口。另一個絕佳口味，是同系列的「味噌青辣椒」，店家將青辣椒剁碎後用甜味噌調味，這辣味來得直白尖銳，濃醇的味噌也用得極好，甘甜味美、淋漓酣暢，讓我連扒好幾口飯。

　　今天你「五色」了嗎？就算是像我一樣海納百川的蔬食者，也難確保每天都能吃進五種顏色不同的蔬果，少了幾種顏色的時候，就來仁里居當個一日仙人，用裊裊炊煙替代漫天雲彩，身心靈都不自覺輕盈了起來。

在 Chao · 炒炒蔬食熱炒
我推薦麻婆豆腐

12 | 走！星期五 下班後吃熱炒

一星 ★☆☆

維根熱炒店 # 開到深夜 12 點
多道菜可去蔥蒜

Chao · 炒炒蔬食熱炒

📍 台北市大安區大安路一段 52 巷 21 號　　📞 02-27753005　　🌿 維根（Vegan）

　　電腦螢幕上不斷跳躍的數字、腦中紛亂雜沓的思緒、此起彼落的電話鈴響與 Line 訊息、被催促著開會趕行程的聲聲呼喚……日復一日的工作日常往往令人身心飽受摧殘折磨。唯一支持我努力不懈的，是在忙完一週後，趁著週五晚上好好大吃一頓。我稱這餐為「墮落饗宴」，吃什麼不打緊，但要能達到解饞、抒壓、放鬆三大目的，最好同步釋放累積一週的壞情緒，才能以全新之姿迎接來日挑戰。

　　下班後，我約了朋友來「炒炒熱炒」打牙祭，順帶訴苦兼聊是非。這間開幕不久的熱炒店很有一手，無蛋無肉卻能炒出滿室飄香。有點台又不會太台的氣氛，很對年輕人胃口。我還來不及訴說心中煩悶，已被菜單上的豐富菜色徹底收買，也不過幾秒時間，心中小惡魔戰勝了理智節操，那就都點吧！恣意放縱一回也不算太過。

　　炒炒熱炒提供的多是經典菜餚，約有四十來種，總括來說，「炒炒」掌握了熱炒料理精髓，熱火下油、佐料爆香、迅速翻騰，道道都有十足的鑊氣和蔥蒜香氣。

　　　　　　　　　　　　豐蔬食 2

像是鐵板肉絲、宮保雞丁，都因放足洋蔥或是辣椒，烘托出極致美味。另一個讓人欣喜之處，是炒炒在調味上的豪氣，像麻婆豆腐，鹹香燙口，花椒還讓舌頭如觸電般微微顫動，又如乾鍋白花椰，辣度亦是強烈，我沒吃幾口，眉心已竄汗。

　　人生得意須盡歡，偶一墮落又何妨？放縱貪吃乃人類原始本性，蔬食者亦然。在這個人人都需要美食慰藉的愁苦年代，猛啃狂啖一桌鹹辣有味的熱炒，冰啤酒豪邁下肚，痛快淋漓放肆其中，這樣才對得起一代傳一代，越來越凶猛的饕餮基因。

> **美食小知識**
> 爆香是熱炒料理不可缺少的步驟，藉由油脂高溫，脂溶性香味分子會被釋放出來，讓菜餚變得更加芳香四溢。如果是不能使用五辛的嚴格素，除了薑跟辣椒外，也可使用月桂葉和百里香來爆香，滋味亦不遜色太多。

13 | 創意十足 技藝精湛

一星 ★☆☆

港點飲茶新選擇
活用各種食材

知道了茶樓

📍 台北市松山區南京東路三段 275 號 2 樓　　📞 02-27172555　　🍃 五辛素／蛋奶素

　　吃大餐廳要湊人頭，人數若不夠，大盤大甕吃不完，最終淪於浪費。因此若是三五好友小聚，談天說八卦，我更偏好上茶樓小館，點個幾道精緻熱炒、蒸籠點心，人人都能嚐到自己的心頭好，我想這樣才是真正的賓主盡歡。

　　「知道了茶樓」是這兩年新冒出頭的蔬食餐廳，而這個有趣的店名其來有自：其一，從前皇帝會在奏摺上批「朕，知道了！」表示已閱；其二，台語的「知道了」讀法為「齋」。從這兩點，我們可以聯想知道了提供的是宮廷等級的蔬食料理。明白這層意涵，來知道了吃飯，想必更為齒頰留香、有滋有味。

　　打開圖文並茂的菜單，可以發現這裡是以創意蔬食料理與手作港式點心為主打，菜色分量約夠三至四人分享，洋洋灑灑近百道，初始若不知從何點起，我會建議先挑些新奇的創意料理，再搭配數樣點心，這樣最能品嚐到知道了的箇中趣味。

　　說實話，我一向對舉著「創意」旗幟，但忽視基礎技法與文化內涵的料理不以為然，但在這裡，完全不用擔這個心。招牌冷盤「烏魚子香椿苗」以核桃、南瓜子

美食小知識
飲茶為粵菜文化一大特色,現在這種供應點心的茶樓,約在民國初年開始興盛。
由於港點吃多容易膩口,所以行家會選擇可去油解膩的普洱茶來搭配,不過普洱
茶屬重發酵茶,咖啡因含量較高,敏感體質得謹慎飲用。

等堅果填入起士中,借形喻意,乳香濃郁,還真有吃到烏魚子的肥腴錯覺,搭配的
香椿苗清苦微嗆,則有清口滌心之效。另一道「蜜汁孔雀餘」更是精彩,廚師匠心
獨具,將南瓜子搗成泥,包上一層海苔製成如孔雀羽眼的水滴狀,再以蜜汁拔絲調
味,入口酥香,餘味還帶著一絲海潮甘甜。

　　知道了的創意表現固然讓人欣喜,但更讓我讚賞的,是他們紮實的廚藝底蘊:
「蘭陽西魯羹」的蛋酥與芋頭細如髮絲;「王子河粉」火力十足,炒出熱烈鑊氣;「香
芋金絲捲」炸得酥黃甘馥,平實點心也顯得深邃。這些基本功,讓知道了的每道菜顯
得芳美綺麗而不矯情,正如我當年開始品蔬食的初衷一般——心之所向,擇善固執。

在長春食素名人館
我推薦港式點心

14 │ 人氣蔬食
吃到飽餐廳

推薦☆☆☆

\# 適合家庭聚餐
\# 菜色新穎具新意

長春食素名人館

📍 台北市中山區新生北路二段 38 號　　📞 02-25115656　　🍃 全素／蛋奶素

　　蘇東坡無疑是所有蔬食推廣者的頭號敵人，因為他一句「無肉令人瘦，無竹令人俗」，讓那些無肉不歡之人，總可引經據典找到一個離不開葷食的合理解釋。不過鮮少人知，這兩句前頭接的是「可使食無肉，不可居無竹」，你看吧！蘇東坡可沒說一定要吃肉，更別提之後他接續說「人瘦尚可肥，俗士不可醫」了。

　　肉食主義者蘇東坡愛肉之名流傳千年，難道就沒有名人要幫蔬食者說說話？其實還是不少。台北市中山區這家「長春食素名人館」就以蔬食名人為號召，除了大大的愛因斯坦 Q 版公仔，牆上還羅列了珍古德、愛迪生、特斯拉，期盼靠著這些名氣聲援，吸引更多人走進蔬食世界。

　　不過比起名人加持，我還是比較推崇以「開拓葷食者的餐桌視野」為由推薦，最好的方式就是讓他們自主發現蔬食的無限可能。長春食素名人館是相當少見，以「吃到飽」方式供餐的蔬食餐廳，種類繁多、目不暇給，沙拉、冷食、壽司、熱炒、港點、甜品、水果一應俱全，菜色洋洋灑灑超過百道，相當豐富。

　　這邊提供的餐食大多精緻可口，要說絕不可錯過的，我會推薦他們的日式冷菜

跟港式點心。生花枝片以蒟蒻取代，還有各種鮮蔬乘著米飯輕舟，清新秀雅、開胃沁神。港式點心花樣更多了，春捲、蘿蔔糕、魚翅餃、百菇酥餅，還有蒸餃、叉燒包、香菇芝麻包、南瓜包，光是這區就連拿好幾盤，我吃飯從不在乎 CP 值，但這餐可真划算。

　　蘇東坡說不吃肉會讓人消瘦，但人瘦了還可以增肥，看看我這吃飽喝足的樣子，沒吃肉，身上還不是照樣長胖。千古佳句的箇中精妙，我可算是見識到了，不過蘇軾都可以為了吃荔枝，永遠做嶺南之人了，倘若能讓更多人愛上蔬食，就算多了幾斤肉又有何妨？

> **美食小知識**
> 大吃貨蘇東坡留下許多詠嘆食物的詩詞。他因「譏斥先朝」的罪名被貶到嶺南，在惠州第一次吃到荔枝時，隨即拜倒在荔枝的美味下，因此做出了「日啖荔枝三百顆，不辭長作嶺南人」的經典名詩。

15 | 夜貓族 覓食去

推薦☆☆☆

#日式創意料理
#熱炒手藝一流

宮田白鶴

📍台北市中山區新生北路二段 76 巷 37 號　　📞02-25232725　　🍃全素／蛋奶素

美食小知識

如果去過日本當地的居酒屋，是否會發現一入席，明明沒有點卻會送上一道小菜？本來以為是招待的，但結帳的時候才發現這是要收費的。這道需付費的小菜稱作「お通し」，因為是約定成俗的習慣，所以絕大多數的居酒屋是無法拒絕上菜的。

　　相較於葷食，蔬食給人正派、積極、健康等正面形象，好像蔬食者都自帶陽光，過著作息正常的每一天。其實才不呢！我們跟大家一樣，偶爾也會睡到日上三竿，午餐當早餐吃，消夜再當晚餐吃。

　　說實在話，就算在台北也很少有蔬食餐廳在晚上十點後還開業，我偶爾想放縱一下吃個消夜，往往遍尋不著。直到朋友推薦我這家營業到深夜十一點的「宮田白鶴」，才讓一票夜貓蔬食者就算超過用餐時間，也有地方可取暖覓食。

　　宮田白鶴雖然看起來是居酒屋，但更出色的是創意熱炒。油香滑潤的炒麵，是桌桌必點招牌菜色，配料單純卻飄散滿滿鑊氣，是那種會讓人大吃特吃的樸實味道。

　　酥炸天婦羅則讓我感到驚訝，Q彈口感像是反覆捶打過的魚漿，沒有任何素料痕跡；烤五花肉串跟泰式魚塊也是同理可證，明明知道它們來自蔬果雜糧，卻又被精巧調味和烹飪技巧矇騙，以假亂真，不少葷食者也甘願上當。

　　一餐吃下來，濃甜豐厚、鹹度適中，帶來無法言喻的過癮滿足。所以誰說吃素一定得清白寡淡呢？找一天睡晚點，來宮田白鶴吃消夜，享受大火翻騰後的家常好味吧！

在禾甲蒸臭豆腐食堂
我推薦堅果菜飯

16 │ 飄香夜市的
嫩香清爽好滋味

一星 ★☆☆

葷食臭豆腐怎麼比
小菜一吃驚為天人

禾甲蒸豆腐食堂

📍台北市中正區中華路二段 313 巷 18 號　　📞02-23019448　　🌿全素

　　講到南機場夜市的必吃美食，很多人會去朝聖由米其林必比登推薦的「臭老闆」。但我偶然發現這家以無肉類、蛋類、奶類、五辛的蔬食料理「禾甲蒸豆腐食堂」，不只招牌「清蒸臭豆腐」入味口感不輸臭老闆，就連一般葷食臭豆腐都無法和它平起平坐。看起來平凡無奇的小菜，都可以一入口就讓人露出驚喜表情。

　　清蒸臭豆腐配上點綴的九層塔、薑、黃豆，讓口味的層次由裡到外都散發出麻中帶著清甜的清爽感，直入味蕾和喉間，甚至還有回甘的感覺，根本沒有臭感，應該稱為「清蒸香豆腐」才對。

　　我還點了許多菜單上看起來很吸引人的餐點，像是紅醋麵、堅果菜飯、臭豆腐羹飯、番茄麵、招牌蔬菜麵等等，每一道都有別於一般我們的口感印象，味道平衡得非常好。

　　其中，最為驚喜的非「堅果菜飯」莫屬。把堅果酥脆的口感，搭上重鹹的雪菜，然後一起拌在米飯上，讓吃下的每一口都有意猶未盡的幸福感。

　　如果說清蒸臭豆腐是必吃的配菜，那堅果菜飯則是必吃的主菜。

　　禾甲蒸豆腐食堂雖說店面不大，但是室內的整體感官與舒適度是非常足夠的。

　　在店裡內用完全感受不到外面等待客人虎視眈眈的急迫感，如果你在南機場夜市，也跟我一樣，想在人山人海的市集裡，尋找一家能舒適坐下享用美食的餐廳，那一定要試試禾甲蒸豆腐食堂。

> **美食小知識**
> 臭豆腐的臭味主要來自黃豆蛋白質發酵所產生的味道。使用大白菜、高麗菜、芥菜，發酵後會產生「菜梗水」，加上豆腐渣再次發酵成一般所稱的「臭滷水」，接著將含水量較少的老豆腐放在滷水中，分解所含的植物性蛋白質。國際知名的經典台灣小吃「臭豆腐」就是經由這一連串發酵過程而做成。

17 | 大稻埕老街內的
燕麥奶專家

在無口小廚
我推薦雪燕拉麵

一星★☆☆

室外座席別有風味
咖哩飯也好吃

無口小廚

📍台北市大同區環河北路一段 431 號　　🍃全素

大稻埕輝煌而馥郁的歷史養分，孕育出新舊交融過後，讓人咀嚼生香的文化光景。我就很愛來大稻埕，來霞海城隍廟拜拜、來百年老南北貨行買乾貨，一條老街，就足夠讓我消磨一整個下午，直到夕陽餘暉將淡水河染得金黃，才因饞蟲哀鳴，提醒我在返家前，記得餵飽牠們。

大稻埕街區已經是非常成熟的文創園區了，所以也有不錯的蔬食餐廳進駐，我就經常在買完東西後，到「無口小廚」飽食一頓再返家。

無口小廚是全素餐廳，卻可以做出幾乎毫無破綻的葷食調味，這來自於他們懂得找到最接近的替代品。例如燕麥奶，無口小廚從拉麵、咖哩到奶酪、飲料，都利用燕麥奶來提高醇度跟香氣，拉麵湯頭還多放了白木耳跟白蘿蔔，甜馨滑口，可比豚骨。

除了湯底講究，配料也用心。我極為推薦雪燕拉麵，上頭那塊叉燒幾可亂真，問了才知道是用豆腐為底，還加了蘿蔔來偽裝肥肉。另外，川味擔擔麵也好吃，辣度跟麻度都十分明亮，剩下的湯再拌碗飯，吃到碗底朝天，超滿足。

華燈初上，老街也從白日的喧囂轉為夜晚的沉靜。令人開心的是，在這裡不只老屋再生成為顯學，還有像無口小廚這樣持續帶入活水的特色小店，讓更多創意替大稻埕的文藝復興添加柴火，走過百年，大稻埕的繁華多元，看樣子還能持續下去呢！

美食小知識

燕麥本身是很好的穀物來源，長期食用有助降低膽固醇，對於維根跟純素者來說，燕麥奶也可用來仿替奶類，唯一需要注意的是，燕麥奶為碳水化合物，熱量不算低，如果那一餐已經飲用一杯燕麥奶了，建議就得將主食的分量減半較佳。

在 MiaCucina
我推薦烤花椰菜鷹嘴豆沙拉

18 | 帶起蔬食新浪潮

二星 ★★☆

#不會踩雷的義大利菜
#女性聚餐首選

MiaCucina

📍 台北市中山區南京西路 12 號 2 樓（新光三越南西店）　　📞 02-25222438　　🍴 五辛素／蛋奶素

美食小知識

「Al Dente」是義大利文，意思是咬起來硬的、耐嚼的，通常用來形容義大利麵的口感，也可用在米飯、豆類上。在義大利，麵心略生的熟度是主流，雖然有些台灣人不太習慣，但若吃到 Al Dente 的麵條，也表示這家餐廳用心在詮釋當地口味上。

　　已經忘記是從什麼時候開始了，只要有朋友聚餐，我總會提議到 MiaCucina，記得第一次吃是在天母，約略是在七、八年前。MiaCucina 一直是相當令我放心的蔬食餐廳，不僅因為他們總能在蔬食的框架下，盡可能展現義大利菜的道地滋味，因為菜色夠用心，還帶起一股品味蔬食的全新浪潮。

　　不論是不是蔬食者，許多人都把這裡視為用餐的好選擇，所以總是有滿滿的客人，即便繁忙，MiaCucina 店員服務依然貼心，總讓人心暖暖的。

　　甫入座，他們會先詢問今天的「素」要到什麼程度，蛋奶素或是五辛素都可，而店員也會依要求推薦菜色。等待上菜時，我發現 MiaCucina 的店內顧客幾乎都是年輕女性，三五人坐一桌，一同享用健康又美味的佳餚，顯見 MiaCucina 早就突破了藩籬界線，讓蔬食生活變得好時尚。

　　構成義大利國旗的綠、白、紅，在貪吃鬼眼中，看到的總是橄欖油、起士跟番茄。的確，這三者就是義大利菜的靈魂精魄。MiaCucina 以此三原色為基底，將料理發揮得淋漓盡致，如香草起士餡烤番茄，整顆番茄填入以奶油起士跟 Brie 起士為基底的餡料，淋上大量橄欖油後強火烘烤，番茄還保有結實口感，一刀切下，帶有

濃郁蒜香的起士餡汩汩流出，真是好吃極了。

　　MiaCucina 的另一道餐桌魔法，則發揮在麵粉料理上。三種起士烤番茄薄餅，薄脆有勁，除了番茄與起士，還能咀嚼到迷迭香的清雅芬芳；奶油香蒜野菇麵，以起士奶油醬搭配煎得乾香的野菇，麵條還是剛剛好的「Al Dente」，果然夠專業。烤花椰菜鷹嘴豆沙拉絕對是我的心頭好，裡頭三種蔬菜都非常新鮮，墨西哥風味醬嗆辣十足，鷹嘴豆則帶來驚喜，煮得通透綿柔，像在吃糖心蓮子。

　　一餐下來，實在滿足，但同行友人說她另一個胃還空空的，又加點了四個蛋糕上桌。我不太嗜甜，就隨手挖了一口起士蛋糕，本以為就此囫圇下肚就好，沒想到甜度適中、輕盈爽口，說是起士蛋糕，但更像提拉米蘇，我不自覺又吃完一片。唉，美食真有魔力，讓人在恍惚之間，腰圍又大了一些。

在靈魂餐廳 SOUL R. VEGAN CAFÉ
我推薦普羅旺斯燉菜

19 | 我有跟世界對抗的勇氣

一星 ★☆☆

#勇敢做純素
#工業風小餐館

靈魂餐廳 SOUL R. VEGAN CAFÉ

📍台北市大安區忠孝東路三段 217 巷 1 弄 6 號　　📞02-27711365　　🍃全素

　　靈魂餐廳的菜單很有趣，一打開就洋洋灑灑列下七大項，礙於篇幅，恕我無法在此羅列，但大致上是在砥礪自己「專心致志」、「保持行動力」、「擁抱改變」。下一頁就更逗了，用粗體大字寫著「勇敢做純素」，看了不禁莞爾，這家餐廳怎麼把做菜比作赴京趕考！不免讓人擔憂，走進廚房是否會看到廚師臥薪嘗膽還是懸樑刺股？

　　像靈魂餐廳這種類型的蔬食小餐館，在台北比比皆是，但要做到全素，除了得下定決心、破釜沉舟，還得有跟主流世界對抗的勇氣。那這本菜單我就讀懂了，這是「匠人精神」的展現，除了提醒自己，也告訴顧客，正是因為每一道料理都經過千錘百鍊，才能打磨出這直擊靈魂深處的好味道。

　　雖然不用蛋奶五辛，不過靈魂餐廳的菜餚並未因此就降低風味，有的反而更好吃。像是「普羅旺斯燉菜」，長時間煨煮下，蔬果甘甜盡出，熟透卻不軟爛，風味

清新質樸。還有超過十種配料置在大盆中的「靈魂沙拉」，有堅果也有蕈菇，生菜也是大把大把地放，五彩斑斕，還真的映照出如靈魂般多樣風貌。至於主食，義大利麵跟燉飯雖中規中矩，但上桌時還在冒煙，這近乎燙口的溫度，就是蒸騰而上的美味精魄。另一個讓我心悅誠服的，是他們的甜點，尤其是焦糖烤布蕾，無奶無蛋怎麼做布丁？但店家還真有本事，用豆奶替代鮮乳，再用薑黃上色，吃起來輕盈軟綿，與真實的布丁幾乎無異。

　　店主超乎想像的使命感，造就靈魂餐廳的盡善盡美，你若問這樣吃起來會不會有壓力？才不呢！正所謂條條大路通羅馬，蔬食的世界亦然，而我懶惰成性，挑了一條最好走的路，沒有太多的教條理想，只要好吃，我就願意典當靈魂，換取一夜的迷金醉紙、口腔狂歡。

> **美食小知識**
>
> 溫度對食物味道影響極大。越接近體溫時，對甜的感知會越明顯，這也是為什麼喝不冰的飲料會感覺更甜。苦味跟鹹味則是在高溫時會較為柔和，酸味也會因為熱而提升為鮮味，因此，下次東西上桌後別只顧著拍照，趁熱吃，絕對最好吃。

20 | 吃進心坎裡的
義大利麵

一星 ★☆☆

#麵條熟度拿捏最好
#燕麥奶專門店

蔬漫小姐

📍 台北市信義區永吉路 120 巷 82 號　　📞 02-27662386　　🍃 全素／奶素

　　如果跟你說「料理」也可能有絕種危機，是否覺得不可思議呢？而其中最先面臨滅絕的，可能是義大利麵。眾所皆知，義大利麵講究口感彈牙，因為溫室效應，空氣中二氧化碳比例年年攀高，雖說二氧化碳濃度不會影響小麥產量，卻會讓小麥內蛋白質降低，蛋白質可是義大利麵擁有彈性的關鍵，若人類放任溫室效應惡化，最快在 2050 年，義大利麵將可能不再Q彈。

　　聽到這個消息，頓覺要趁義大利麵消失前多吃個幾回。這次評比過程中，義大利餐廳占比極高，應有吃到數十家，其中有以醬汁見長的，也有麵條相對優秀的，而「蔬漫小姐」的義大利麵，細節完備出色，口味選擇也多元，在百花齊放的義大利餐廳中，讓人打從心底喜歡。

　　我最喜歡他們的「牛肝菌寬扁麵」，一樣口味的義大利麵，少說也吃過數十家，但蔬漫小姐的麵體彈牙、香氣最足，以自家製豆奶調和牛肝菌，產生一股細緻甘甜，厚實又有深度，絕不是精緻糖帶來的效果。另一款「飛翔艷陽義大利麵」，有著發

美食小知識

為確保義大利麵品質,義大利於 1967 年立法,明定杜蘭小麥粉為乾燥麵條的唯一原料。杜蘭小麥是所有小麥中最硬的,具有高密度、高筋度等特點,其蛋白質含量通常在 13.5% 以上,製作中式麵條的中筋麵粉僅 9% 左右,沒有高蛋白質就沒有彈性,這就是為什麼義大利麵會率先面臨滅絕危機的原因。

酵後的淡淡醇美,一問之下,才知他們用了黃金泡菜,與各種鮮蔬共譜,盤中有種輕快又獨特的節奏,如同夏日艷陽般炎熱爽朗。如果還吃得下,那可別錯過「醬燒未來牛肉披薩」,稍微重口的調味,讓未來牛肉變得更加鹹鮮,倒有種「京醬肉絲」的錯覺,放在彈性十足的披薩麵皮上,讓人迷惘這究竟是中菜西吃,還是西菜東做?

　　多搭乘大眾運輸工具、少開冷氣、支持綠色消費,這些老生常談的減碳原則,從今日起,可別再當耳邊風了,確保未來還有美味的義大利麵可吃,那就得把這些原則放在心上,一起為了地球還有貪嘴的自己,好好努力吧!

在品・印度
我推薦葫蘆巴葉烤餅

21 | 恆河水帶來
香料芬芳

三星★★★

\# 烤餅現點現做
\# 每道咖哩口味都不一樣

品・印度

台北市大安區和平東路三段 34 號　　02-27392799　　五辛素／蛋奶素

　　印度是全世界素食人口最多的國家，在這塊廣闊的次大陸土地上，可能有數億人一生未吃過肉類，其中又以超過 50% 的女性茹素者為其最大宗。由素食大國遠渡重洋而來的蔬食料理，光用想的就齒頰生津。雖然台灣的印度餐廳不少，做到全素的卻不多，連主廚都是印度人的「品・印度」則是其中之一。

　　來品・印度最好找齊四人，六到八人尤佳，只因這邊咖哩、烤餅口味太多，交叉組合排列，可有上千種滋味，要多人分攤才有早日吃全的那一日。由於選擇眾多，初訪這天我請店員推薦，一連點了綜合扁豆、葫蘆巴葉、菠菜洋菇、馬鈴薯腰果等咖哩，烤餅則選了奶油、香辣、洋蔥跟花椰菜。有意思的是，這些咖哩看似同宗，口味卻殊異，扁豆那款甜香甘馥，葫蘆巴葉的清新之餘帶有微苦，菠菜洋菇溫潤，馬鈴薯腰果則有醇厚堅果香，再配上紮實油亮的各色烤餅，變化萬千，食道瞬成萬花筒。

　　若有餘力，開胃菜亦不好錯漏。首推「印度黃金金三角」，其他地方的 SAMOSA（印度咖哩餃）多半迷你，這裡的竟有嬰兒拳頭大，香酥脆皮中藏著滑順薯泥，極為好吃。另一道「醬料蔬菜球」，將各種時蔬搓捏成團，以偏甜醬色調味，不像印度菜，倒像蔬食版獅子頭。

　　幾年下來吃香喝辣，舌頭自然練出一點本事，但在品‧印度卻頓時駑鈍失靈。我說不出這華麗如鎏金的湯水裡究竟放了幾種香料，也找不到半點熟悉味道，能讓我順藤摸瓜找到破解線索。太多分析不了的成分，來自主廚使用香料的高超技藝，層層堆疊出瑰麗的複合體。索性不猜了，在豐艷香色中，儘管恣情沉迷，好好編織一場以恆河水來穿針引線的綺麗夢境。

> **美食小知識**
> 印度的確為咖哩原生地，但在印度卻沒有任何一道叫「咖哩」的料理，咖哩粉這個名詞對印度人來說更是莫名其妙。咖哩的語源來自坦米爾語中「醬」的意思，而那種綜合多種香料的複合粉體，在印度則被稱作馬薩拉（Masala）。

22 | 針葉林中的
味蕾冒險

在 TAIGA 針葉林
我推薦柑橘堅果飲、番茄燉蔬菜

一星 ★☆☆

\# 一份從容
\# 一份美味

TAIGA 針葉林

📍台北市文山區木柵路三段 125-1 號　　📞02-22342231　　🌿全素

　　在哈利波特的魔法世界中，「破釜酒吧」是由麻瓜世界通往魔法世界的大門，巫師們稍不注意就會錯過它，而麻瓜根本看不到這間酒吧的存在。在木柵，我也發現了一間屬於我的「破釜酒吧」。

　　政治大學學區裡有一棟五十年的淡黃色透天厝，木質窗框與周圍的房子顯得格格不入，卻又優雅沉靜且妥貼地融合其中。如果你發現了它，請不要懷疑，勇敢推開大門，將體驗到 TAIGA 帶來的舌尖魔法。

　　早午餐類型的餐廳浮泛，間接導致我對 brunch 類型的食物有著更高的要求。當時會走進 TAIGA，是因為它獨特的裝潢氛圍。這棟老闆花了兩年整修的老屋，每個角落都細緻而完整地呈現特有的心思美學。但這裡不只是環境漂亮，食物才是它真正迷人之處。

我對水果入菜完全沒有抵抗力，尤其是鳳梨，我絕對可以受封為它的熱情狂粉！將風靡全球的植物肉放在鳳梨上做成「針葉林漢堡」，鮮嫩多汁，令人食指大動，一口咬下的味覺衝擊，讓我對漢堡又有了全新體驗，是絕對不能錯過的誘人美味。番茄燉蔬菜也是必點，番茄、胡蘿蔔、馬鈴薯，每一樣食材相互輝映，厚實入味、豐豔多汁。主食道道精彩，令人感動的是，店家醬料都是自家製，伯爵沙拉醬、泰式花生醬、義式堅果醬，甚至是加在堅果奶裡的柑橘醬，都施展著使人陶醉的美味魔法。

找一個優閒的午後，跟三五好友一同放慢腳步，相約體驗一場味蕾的華麗冒險，你會發現，「食物」所能迸發的火花，比你想的還要變化多端，如同一本魔法教科書，翻開後，麻瓜們就無法自拔了。

美食小知識

台灣鳳梨經改良後品種眾多，但目前從各方考量下，金鑽鳳梨可說是獨占鰲頭。金鑽鳳梨甜度在十四度左右，不算太高，但酸甜適口；病蟲害不多、好栽種也好採收，加上全年都是產季，目前市占率將近九成，出口到國外的口碑也非常好。

23 | 讓人羨慕的蔬食生活

在 Vegan Amore 蔬慕
我推薦煙燻燒烤醬未來堡

一星★☆☆

時髦的蔬食餐廳
葷食者也會愛

Vegan Amore 蔬慕

台北市大同區承德路一段 1 號 3 樓　　02-25556090　　維根（Vegan）

美食小知識

曾有市調公司針對素食者以及植物性食品發布調查報告，報告指出，現在盡量減少食用動物性製品的人口增長迅速，這群「彈性素食主義」人口在 2020 年已占全球人口 42%，他們雖然不完全排斥動物性產品，但更偏好食用植物性產品或蔬菜。

　　很多論戰從未有過定論。例如貓跟狗誰更可愛一些？肉圓是蒸的好還是炸的好？荷包蛋要沾醬油還是番茄醬？但這麼多爭論不休的事情，都沒有葷食者與蔬食者的戰爭來得可歌可泣。

　　就算食蔬生活已超過二十年，至今都還有人試圖說服我「棄暗投明」。眼看「肉的美味」打動不了我，他們搬出新的理由，「素食餐廳都很俗耶，跟你形象很不搭。」聽到這個，我不禁一笑，他們難道不知道，現在時髦的蔬食餐廳可多了。

　　2020 年開幕的 Vegan Amore 蔬慕是足以令人耳目一新的蔬食餐廳，我特別愛約葷食者來這裡吃飯，除了味道不錯，更讓人驚豔的是他們很不「素」，許多料理甚至可以矇騙無肉不歡之味蕾，在沒分出勝負之前，不少葷食者舌頭就先出賣自己了。

　　來蔬慕，一定要嚐嚐「煙燻燒烤醬未來堡」，漢堡肉用了時髦的 beyond meat，醬香味濃，還有肉汁汩汩流出，沾在厚實麵包上，真是好吃。韓式炸花椰更有梗了，大朵白花椰菜上先包上金黃麵衣，還裹了層香甜醬汁，朋友吃了便說：「這是韓式炸雞吧？」我笑著點點頭，「你說是就是啦！」

　　葷素之戰直到今日仍在許多人的生活中持續上演。但你可得承認，不少蔬食料理都展現了全新風貌，某些刻板偏見，不妨將它們全都送進碎紙機，死生不復相見。

在 Uncle Q
我推薦黑豆排佛卡夏

24 | 超級食物
大本營

二星★★☆

\# 超級食物一籮筐
\# 一盤沙拉超過十種時蔬鮮果

Uncle Q

📍台北市大安區潮州街 105 號　　📞02-23568095　　🍃全素／五辛素／維根（Vegan）

　　聽過超級食物嗎？超級食物被認為是對健康有益，甚至可以預防疾病的食物，縱然也有不少營養學家提出超級食物只是一個「行銷詞彙」的意見，但綜觀被列入超級食物行列的，的確都是些好東西，我也樂得相信超級食物的存在，但就是不要花大錢啦！

　　一般而言，蔬食者比葷食者更容易接觸到超級食物，像是堅果、芽菜、豆類、莓果、燕麥、番茄、柑橘，這些皆是超級食物排行榜上的常客。不過現代人多半忙碌，要想一次攝取多種超級食物的營養，也只好請專家代勞了。

　　師大附近的 Uncle Q，就是相當愛用超級食物的蔬食餐廳，且以極具創意的手法，將食材風味帶進蔬食料理中。我最喜歡他們的叔叔漢堡了，厚實的肉排是用黑豆混合藜麥跟蘑菇，有著相當野性的口感與獨特香氣，搭配佛卡夏麵包，細膩馨香，越嚼越有味。我也推薦「烤抱子甘藍佐沙嗲醬」，抱子甘藍是超級食物中的明星，缺點是略帶苦澀，但遇上沙嗲醬的甘醇，那苦澀變得隱晦，反倒叫人覺得敦厚清雅。

另一個讓人折服的美味，是他們的沙拉。「紅酒無花果烤水梨沙拉」，將珍果原萃以酒燴與糖烤帶出，芬馥可掬，甜甘蜜滴；「焦糖葡萄柚橙味胡蘿蔔沙拉」更棒了，柑橘香氣四溢，來自撒上二砂噴烤過的葡萄柚，以及用橙汁醃漬過的胡蘿蔔，風味已經這麼複雜了，主廚還嫌不夠，淋上自製紅柚醬，讓味道更加鮮明。

以上兩道沙拉看似隨興，其實用心備至，除了生菜豐富新鮮外，你看上頭的食用花就知道，這小玩意兒非必須，但撒一點就是秀色可餐不少，唯有真正花心思在沙拉上的店家才捨得放。

雖說我贊同多吃超級食物，卻也奉勸不要過於迷信其效用，超級食物並不會讓你變成超人，要維持豐沛體力健康滿點，保持運動習慣與營養均衡才是不二法門。

美食小知識

超級食物固然對健康有益，但也無須神話其效用。與其追尋超級食物，不如遵循以下飲食習慣，對身體更好：少吃或不吃精緻糖、減少食用油炸物、降低飲酒頻率、多吃原型食物、注意食材鮮度且不吃隔夜食物。

25

一扇環遊世界
的任意門

一星★☆☆

滿足一家大小
吃遍大江南北

果然匯

📍 台北市大安區忠孝東路四段 200 號 12 樓（明曜百貨）　　📞 02-27718832　　🍴 全素／蛋奶素

　　與三五好友聚餐前，總會收到朋友詢問「這次要吃什麼」的訊息。朋友們知道我吃素，多半也樂得跟我一同，所以帶著葷食友人解鎖一家又一家的蔬食餐廳，這份重責大任幾乎都落到我頭上。

　　找餐廳不難，網路 Google 打個電話就行。然而，「隨便」二字於我可是大忌！了解與會友人們偏好的口味、是否有飲食禁忌，還有餐廳的地理位置，各種細節多到族繁不及備載。直到「果然匯」出現，挑選餐廳的難題不攻自破，這裡什麼都有，每個人都可以在這裡恣意滿足自己的口腹之欲。

　　我對 buffet 有些許偏見，老擔心 buffet 的餐點不夠精緻、食材處理不夠用心，又或者味道差強人意，選擇餐廳時，往往會刻意跳過它們。果然匯打破了我的刻板印象，從義大利燉飯到台式臭豆腐、從日本壽司到泰國冬蔭功，料理千變萬化，從食材到烹飪手法也極為多樣。我特別喜歡甜點區的焦糖烤葡萄柚，酸甜迷人，一不小心就多吃了兩個。另外，現點砂鍋也不可錯過，濃郁湯頭總能療癒一天下來的疲憊身心。

　　如果你也經常為了聚餐傷透腦筋，又總眷戀著異國料理的多變面貌，建議可將果然匯放入口袋名單中，那扇任意門，隨時都為通往世界各地而開。

> **美食小知識**
> 「焦糖化」跟「梅納反應」經常被混用，焦糖化是單純指「糖」在高溫下分子瓦解的過程，梅納反應則還需要蛋白質或澱粉。焦糖化跟梅納反應以高溫造成脫水，讓食物變得非常美味，此時會有數以百計的風味分子被釋出，激盪出複雜又迷人的芳香氣息。

在布佬廚房
我推薦香腸披薩

26 ｜ 隱於山林間的 好吃披薩

一星 ★☆☆

#新店山上
#環境舒服宜人

布佬廚房

📍 新北市新店區車子路 137 號　　📞 02-86666181　　🍴 全素／五辛素／蛋奶素

美食小知識

Beyond meat 是人造肉的先鋒，從成分上來分析，主要有豌豆分離蛋白、芥花籽油、椰子油、增稠劑與馬鈴薯澱粉等，甚至還刻意加了甜菜汁，用以模仿煎煮時流出的「血水」。不過人造肉的鈉含量實在高了一些，不宜餐餐都吃。

　　下午三點半，是不少餐廳青黃不接的時段，但布佬廚房的客人還不少，空氣中有股暖烘烘的粉香，店員捧著抹了橙紅醬汁的金黃餅皮，上頭五色斑斕，像萬花筒，又像調色盤。

　　義大利最具代表性的菜餚非披薩莫屬，而在全球化衝擊下，披薩也變得光怪陸離，放鳳梨跟美乃滋已是老梗了，我還吃過放香蕉跟棉花糖的呢！

　　這麼說來，蔬食披薩難度應該不高，畢竟本身組成結構就沒有葷食，不過是不是夠好吃，可得考驗功夫。我在布佬廚房吃到的香腸披薩就還不錯，裡頭放了些蔚為風潮的人造植物肉「beyond meat」，雖然外觀樸實，然而滋味曲折悠長，淡淡鹹香、淺淺果味，還有酥脆卻不硬韌的麵皮，沒有外界對蔬食的刻板印象，卻發揮十足的蔬食靈魂。幾道前菜也十分精緻，像是嫩炒蘿蔓心這種總在沙拉出現的生菜，炒過後竟別有風味，蒜味厚實更襯青蔬鮮甜。

　　布佬廚房或許少了點驚喜，但菜色有一定水準，餐廳環境也寬闊舒適，最讓人舒服的，是周遭野蕨不斷呼出的芬多精，山嵐繚繞，心曠神怡。

27 | 醬香味濃
客家本色

一星 ★☆☆

好像阿嬤的家
下飯好滋味

瓦房養生素食館

📍 桃園市龍潭區永福路 138 巷 31 號　　📞 0928-212548　　🍃 全素

　　桃園龍潭的客家人口約占總體七成，這裡客家菜餐廳不計其數，走在龍潭街上，很容易就能聞到醬筍或梅乾菜飄來的溫和鹹香，若說什麼氣味最能點燃食欲引信，我想就是這個。

　　客家菜與蔬食看似壁壘分明，但客家菜常用的桔醬、鳳梨豆醬、酸菜、福菜、榨菜，都是純素，因此用客家菜手法來演繹蔬食，鮮少貌合神離、走味生變。

　　幾道道地客家菜，已見真章。梅干扣肉的梅乾菜用得厚實，雖少了三層肉的肥腴，但依然油光滿面，簡直是白飯殺手。薑絲大腸更是酸度破表，但之所以不會刺舌刮嘴，大概是因為店家用了發酵豆醬，還有大把薑絲調和，酸香之後湧現甘甜，與素肥腸鮮鹹互濟，好吃極了。

　　有溫度、有地景，每道食味都有深度與層次，不輸葷食的深沉豐郁，在客家莊吃客家菜，只覺風土與人情結晶沉澱後，滋味果然不一樣。

> **美食小知識**
> 客家傳統食材中的雪裡紅、酸菜、梅干菜、福菜、鹹菜等，都是由芥菜醃製而來，之所以名字不同，在於醃製的時間長短。初醃的芥菜稱為「雪裡紅」，再繼續醃則稱為「酸菜」，經久時脫水就轉為「福菜」、「梅干菜」了。

在善菓堂
我推薦雪菜鮮綠筍

28 | 季節鮮蔬的
清麗真味

二星★★☆

\# 口味鹹淡適中
\# 菜色種類選擇多

善菓堂

📍 新竹縣竹北市莊敬南路 188 號　　📞 03-6675955　　🍃 全素／蛋奶素

美食小知識

節氣是季節變化的重要標誌，因此對農業生產非常重要。不過由於節氣是以
黃河中下流域的氣候來設計，所以並不能完整吻合台灣的氣候現象。另外，
因為節氣反映了地球繞著太陽運動的過程，所以節氣是以國曆來畫分的。

　　我是一個老派的人，特別鍾愛依循節氣過日子，春分後吃香蕉，白露凝食芋頭，跟著太陽足跡來決定今晚餐桌上的要角，不僅最能嚐到時令滋味，還多了用季節更迭來調劑生活的浪漫情致。

　　台灣是個寶島，地形與氣候多變，造成物種豐富多樣，各類山珍野蔬更是天賜的美味。新竹竹北這家「善菓堂」，就十分擅長精選各種季節時蔬，並以呈現原始芬芳的料理方式，嫻熟地做出道道精緻又絕美的佳餚。

　　拜訪這天恰逢驚蟄，春雨如油，酥潤大地。此時春筍正肥，我點了道「雪菜鮮綠筍」，水潤爽脆，甜度可比水梨，雪菜也只是點綴，晶瑩豐美，讓這道菜多了層次。另一道「菜掃光」，則把四季豆切成豆粒大，後用大火與豆干丁同炒，珠圓玉潤，鏗鏘有力。還有道「花干煨麵」，湯醇味濃，煸過的野菇與花菜干各司其職，一個賦香一個提鮮，軟滑麵條咕嚕下肚，由心暖到全身。

　　以當令鮮蔬入菜，其實是個大挑戰，除了得時時注意四季節奏，還得烹飪得恰適不矯情，才不會貿然搶味、喧賓奪主。就以上來說，善菓堂真有水準，調味也確實有點功夫。當我忙到昏天黑地，忘了今夕是何夕時，至少要記得來這裡的路，讓盤中珍饈提醒我，在第一聲春雷響起之前，可得好好修身養性一下。

29

在籽田野菜屋
我推薦蒜頭拉麵

在巷弄食堂裡
熬煮創意湯頭

一星★☆☆

拉麵也有西式口味
偶有店貓坐檯

籽田野菜屋

📍 新竹市東區世界街 93 號　　📞 03-5355880　　🥢 全素／五辛素

　　拉麵是日本文化中最具代表性的食物，一般拉麵店會依循傳承的調味，不會做太大變化。

　　但在新竹的這家「籽田野菜屋」卻大膽地嘗試以我們熟悉、卻不敢運用在拉麵湯頭的西式青醬和多種蔬果熬成湯頭作底，加以變化調味，讓初次造訪的我在味覺記憶上有很大的衝擊，卻又無違和感，創造出新的拉麵體驗。

　　剛走進店內，印入眼簾的吧台以及日式仿舊空間，讓人有種置身日本拉麵餐廳的安心感。

　　他們主打的「蒜頭拉麵」一樣在創意和傳統間取得微妙平衡，順口且溫和口感的湯頭，是喜歡大蒜香氣卻不吃重鹹饕客的最佳選項。

　　另外，拉麵中添加的配料也很精彩，熬煮燉透的蘿蔔、火烤過的豆皮……讓每碗拉麵的口感層次有不同變化。

　　自製的拉麵麵條，不只滑順入口，且都能將湯汁吸得飽滿，讓每一口拉麵都帶著扎扎實實的韻味。

　　「北海道牛乳」也是必點推薦甜點，香濃的煉乳配上剛炙燒過的麻糬，表皮完全酥脆而內裡彈牙，讓這一餐有最完美的收尾。

> **美食小知識**
> 除非你不吃五辛，要不蒜頭絕對是蔬食料理的辛香料首選。蒜頭的強烈氣味，在遇熱後會轉為濃醇芬芳，只要一小瓣，就能提升整體香氣。市面上有賣剝好的蒜仁跟未剝的蒜頭兩種，蒜仁容易發霉，要趁早吃，蒜頭只要在通風處吊著，可放好幾個月，就算發芽也還能用。

30 | 經典菜色
換上蔬食新衣

推薦☆☆☆

\# 複製經典好味
\# 客家煎餅也好吃

禪廚蔬食餐廳

📍 苗栗縣頭屋鄉象山路 188 號　　📞 037-375252　　🍃 全素／蛋奶素

　　中國飲食文化悠遠綿長，但蔬食如同被驅逐在外的孤兒，五千年的美味族譜上，好像只有那道千篇一律的羅漢齋，若能將經典老菜重新演繹成蔬食版本該有多好！而與我同有此念、心有靈犀的，就是這家開在苗栗頭屋的禪廚蔬食餐廳。

　　首先登場的「生菜霞松」，這道經典湘菜改以蒟蒻取代蝦丁，再用荸薺、芹菜、杏鮑菇混合，爽脆蓬鬆，模仿相當到位。另一道「薑絲大長」將豆腸炸得焦香，炒上鳳梨、黑木耳跟白精靈菇，酸香沁鼻，十分開胃。另外，我也推薦禪廚蔬食餐廳的麵點，如大餅捲時蔬、酸菜鍋貼、客家福菜煎餅，麵皮有勁道，內餡也溫和爽口。

　　以蔬果來實現葷食的想像，是推廣蔬食的諸多方式中，我相當推崇的一種。拋下傳統框架，運用食材特長來揮灑創作，大放異彩下，誰還在乎有肉無肉？只要好吃，就是最正統的血統保證書。

> **美食小知識**
> 客家菜中有所謂的「四炆四炒」，「四炆」指的是酸菜炆豬肚、筍絲炆爚肉、排骨炆菜頭、肥腸炆筍干，四道需要時間熬煮出美味的菜色。「四炒」則是指客家小炒、薑絲炒大腸、鴨血炒韭菜、豬肺鳳梨炒木耳（俗稱鹹酸甜），這四道大火快炒的料理。

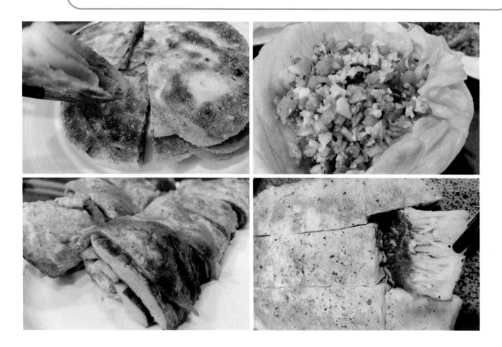

31

在 VegesM 饗蔬職人
我推薦滑香芝麻湯底

自助式
新鮮蔬食吧

推薦 ☆☆☆

包裝清潔衛生
鮮蔬選擇眾多

VegesM 饗蔬職人

📍 台中市西區美村路一段 83 巷 10 號　　📞 04-23260203　　🍃 全素

　　「今天吃蔬菜了嗎？」VegesM 饗蔬職人店門口掛報上看似貼心的提醒，無疑戳破了外食族群三餐缺乏蔬菜的罩門，路人經過看到，心中隨即上演天使與魔鬼的拉鋸，最終當然還是聞香入內，快速補足一天該攝取的纖維跟微量元素。

　　VegesM 饗蔬職人採自助方式，常年提供十種以上的綠色鮮蔬，以及超過四十種的蔬果、配食、乾物、麵點，就連湯頭也有八種，就像在超級市場購物一般，逐一把喜歡吃的東西丟入籃中，選擇超多，豐儉由人。

　　食材新鮮，東西自然好吃，饗蔬職人出色之處在於用心設計的八種湯頭。如滑香芝麻鹹鮮甘甜、清香四神柔和開胃、泰式酸辣鮮明帶勁，各有特色與擁戴者。不管你是葷食或素食者，當你感覺最近蔬菜好像少吃了些，就快來 VegesM 饗蔬職人裝滿一籃，消弭一些營養失衡的罪惡感吧！

> **美食小知識**
>
> 無分男女老少，建議每天至少要吃三份蔬菜與兩份水果，且應盡量選擇顏色、質地與形態都不同的。由於植化素容易被破壞，因此多用汆燙、燉煮等低溫烹調方式為佳，而水果也是原型吃最好，打成果汁營養會快速流失，也會加速人體糖分吸收，導致血糖波動變大。

32 | 不一樣的 上海滋味

在蔬適廚房 我推薦原味雪菜鍋貼

推薦☆☆☆

\# 創意上海菜
\# 不用加工素料

蔬適廚房

📍台中市南屯區惠中路三段 17 號　📞04-22517896　🍃全素／蛋奶素

　　若說中國八大菜系有無最大公約數，我私心認為應是上海菜。上海菜鹹淡適中、醇厚味美，還善用各種蔬果河鮮，幾乎無人討厭。但上海菜要怎麼在蔬食上發揮？我本來以為是困難的，畢竟上海菜重視排場，若少了葷腥，盤中靈魂精髓可得去掉大半。

　　台中這家蔬適廚房卻用獨特手法，呈現上海菜小家碧玉的另一面。老饕來此，當然要先來鍋上海菜飯，這裡不用豬油，反倒是用了「超級食物」椰子油來提味，讓菜飯多了點溫和的堅果香，比例得宜的紫米也增色不少，倒是菜飯裡的菜，我就嫌老闆小氣了，若能多放一把青江，翠綠綠的，不是更加賓主盡歡？

　　要能看出老闆功夫，來盤雪菜鍋貼最好。鍋貼熟透後反扣於盤中，冰花均勻朝天，筷子一夾就碎裂，便知薄脆可比蟬翼。內餡雖是簡單的雪菜粉絲，但清雅芳馨，暖暖含光。另一道宮保鮮蔬猴頭菇，先猛火快炒後鐵鍋乾煨，猴頭菇被做得豐潤厚實、暖熱噴香，瞬間辣意短暫麻痺舌尖，相當過癮。

　　這時老闆登場了，他看我們吃得有滋有味，便說起他的創業故事。原來他曾在佛寺的伙房歷練過，幾年下來，習得一手好蔬食，不過佛門並沒有讓他墨守成規，之後他出來開餐廳，堅持不用加工食品，因此在蔬適廚房，你吃不到調味素料，少了讓人疑惑的甘味添加，這才有如醍醐灌頂，原來人世間最美味的東西，來自於專注燒好菜的真心誠意。

> **美食小知識**
>
> 上海菜飯成分與製程均簡單，可嘗試在家自己做。一般是將青江菜與飯同煮，但這樣菜葉會變黃，賣相不佳。此時可將飯菜分開煮，先將青江菜跟調味料炒好，飯煮好後再拌在一起，這樣就能保持青江菜的翠嫩青綠了。

33 | 藏身靜巷的
必比登推薦好滋味

二星★★☆

\# 2021 必比登推薦
\# 吃了才知道果真深藏不[露]

曙光居

📍 台中市西屯區大墩十八街 104 號　　📞 04-23292322　　🌿 全素

「乍看平凡，原來是深藏不露。」這是我給「曙光居」的評語。

2021 台中米其林必比登推薦的曙光居藏在靜巷當中，入門前的小庭院植栽布置得十分優雅，透著微微光線的灑落，一如它的店名。

餐廳內位置不多，但餐桌餐具的中式擺飾質感，讓用餐環境透露著一種「安靜」感。

光看菜單上簡單又熟悉的菜色，讓我開始有一點好奇它拿下「必比登」推薦的原因。

我們點了主食「非常麵」、「辣太極」、「咖哩拌麵」和一些小菜。

餐點上齊後，我們才揮動手中筷子，從小菜開始品嚐。「紅毛苔豆腐」一入口，我就吃出看似一樣的菜，入口質感卻大不同。用紅毛苔取代一般海苔創造的大海鮮味，層次卻更為明顯突出。

店裡招牌「非常麵」也是看起來非常簡單的一碗麵，但用的是手工拉麵，佐以店裡祖傳的辣椒醬和祕密武器醬汁調味。

把麵條、辣椒醬和醬汁攪拌均勻後，每一口麵都帶著酸辣 Q 彈口感，麻醬的花生香氣濃郁，吸附在麵條上，吃來十分滑順，讓人忍不住一口接一口，完全停不下筷子。

「辣太極」應該就是曙光居最亮眼的祕密武器了。它是由白木耳和黑木耳組合而成，再淋上獨家醋酸醬汁、辣醬，最後灑上芹菜末和新鮮檸檬。兩種不同口感的木耳，在獨門醬汁的調和下，再由檸檬提味，絕對讓你有吃出木耳新高度的驚喜。

> **美食小知識**
>
> 黑木耳與白木耳是同屬的真菌，但不管是哪一種木耳，都是脂肪含量不高，但是水分含量極高的低熱量食物，且都含有豐富的胺基酸、多種維生素，可養顏美容，因此兩種木耳有著「菌中之王」的美譽。

34 | 頂級廚藝的 無限變化

在福屋拉麵 我推薦二郎麵

二星★★☆

\# 每日限量晚來吃不到
\# 煮出各種流派的拉麵專家

福屋拉麵

📍 台中市東區大智路 17 巷 6 號　　📞 0919-741359　　🍃 全素／五辛素／蛋奶素

美食小知識

日本拉麵從南到北，不同地方有不同特色。一般熟悉的分為北海道、本州、九州三大類。但從高湯、調味、麵條及配料，各地都有自己的堅持，再分流出去，延伸出三、四十種派系，各有擁護者。

　　《豐蔬食2》送印前夕，朋友跟我說台中新開一家「福屋」拉麵店，要我務必去嚐嚐，納入評鑑。於是我特地跑了一趟台中，才中午十二點，店門口就已經大排長龍。原來福屋每天限量四十碗（假日五十碗），而我拿到最後一張號碼牌，一等就是將近兩個小時。

　　評鑑當天恰逢週四，福屋每週四只賣一款限定口味的拉麵，本月走的是「二郎系」拉麵，也就是以油脂較多、爆濃的肥肉醬，加上大量豆芽菜及燒烤過的豆包，覆蓋在寬麵條上。嚴格說起來，像是印象中的沾麵，而非以喝湯為主的一般拉麵，完全顛覆我們對湯頭拉麵的既有想法。

　　原來老闆對日本拉麵的研究已經到了可以做出各種流派的專業程度，因為太太吃素，他費盡心思要把各種流派轉換成蔬食，但吃起來一樣要讓葷食者讚嘆才算滿意。福屋在他們的用心和反覆研究技術之下，成功攻佔我們的舌頭，同行的葷食評鑑者也都大呼好吃，深感驚喜。

　　麵條吸附飽滿湯汁卻不軟爛，保有嚼勁，濃稠湯汁和豆芽菜同時創造出多層次的口感與味道。而覆蓋在麵條上，經過炙燒的豆包，則是這碗麵的靈魂所在。看似部分焦化的豆包藏有老闆的獨家祕密武器，刷拭過烤的特殊香氣，讓每一次入口的豆包，在咀嚼時，都讓葷食者有如食用「烤肉」般大感過癮，美味值破表。

　　福屋平日也有供應湯頭濃郁的純素「白福麵」、黑蒜拉麵的「黑福麵」，以及五辛素的「赤福麵」。為什麼要在既有菜單上變化多種不同限量拉麵？老闆說：「我要做出日本所有派系的拉麵，分享給台灣客人。」

　　就是這一份決心和頂級廚藝的變化能力，讓拉麵迷們排再久的隊都心甘情願。

在大豐野菜館（滷菩提）蔬食
我推薦回味蔬餃子

35 蒸籠點心
難分難捨

二星★★☆

各國家常料理
點心手法一流

大豐野菜館（滷菩提）蔬食

📍 台中市西區向上北路 184 號　　📞 04-23022308　　🍃 全素／蛋奶素

美食小知識

如果想要炒出粒粒分明的炒飯，與其使用冷飯，倒不如將蛋打在飯中拌勻後去炒。蛋液在加熱後，會在飯粒外層焦糖化，米飯表面變硬容易分散，炒出來自然蓬鬆好吃。

　　要說台中這家大豐野菜館（滷菩提）是什麼類型的餐廳，實在很難一言蔽之，從日式咖哩飯到泰式打拋豬，又從川味拌麵到上海小籠湯包，菜色海納百川，幾乎融匯了亞洲各國的餐桌家常，一時之間還不知道如何點起。

　　不過看門口師傅包餡的手從未停下，猜想他們的蒸籠點心應該很有一手，果不其然，多數客人都是小籠湯包跟回味蔬餃子各點一籠，我心下疑惑，兩者形態相近，怎麼會都點？其中必有玄機。原來小籠湯包跟蔬餃子內餡都以青江菜為底，不過前者以菜莖配筍絲，後者菜葉佐香菇；一個清逸素淨，一個碧綠深邃，很難說哪個好吃，只好都點上桌以免顧此失彼、徒增遺憾。

　　另一個值得讚賞的，是他們家的炒飯，炒得鬆柔濕潤還帶鑊氣，無肉又有何礙？還不是照樣飄香千里。

　　這家小館水準極高，從小菜到主食都讓人感到盡善盡美，不禁令人聯想勢必是在選料上諸多講究，其實沒有，所有食材都是尋常之物，是店家的一本初心，經過一年一年的濃縮收斂，最終凝出難以量化的幸福滋味。

36 │ 質樸而精彩的
　　　義式正能量

一星★☆☆

\# 南義道地料理
\# 橄欖油是自家做的

SUD 友義素

📍 台中市西屯區經貿九路 556 號　　📞 04-24529946　　🌿 全素／奶素

中
部

　　台灣大多數的義大利餐廳都屬於北義系列的料理方式，南義料理的餐廳比較少見。西式蔬食餐廳的主要菜色也多以義大利麵、披薩、燉飯為主，想吃到南義的道地料理，應該只能到「SUD 友義素」一訪了。

　　主廚 Giordano 是南義大利靠地中海小鎮的義大利人。家中種植橄欖樹達二百多年，製成橄欖油，家族事業代代相傳。來台之後，Giordano 發現台灣大部分的橄欖油都不是純正的橄欖油，便決心使用自己家族的橄欖油，並藉由烹調南義料理以推廣真正的好油。

　　為確保每天都有最新鮮的蔬菜供應，SUD 友義素採預約制的無菜單料理。上桌的第一道料理，是我們首次見到，以南義大利傳統工法製作的「戒指餅乾」。戒指餅乾在南義是很常見的點心，使用義大利麵剩餘的麵糰，先以熱水燙過後再烘焙製成，整個過程中只用了簡單的鹽、胡椒粉和橄欖油。吃起來口感脆硬，但越咀嚼越能感受到鹹香的醇厚感。

　　「鷹嘴豆漁夫沙拉」也是南義傳統沙拉，主廚重現了小時候祖母做這道沙拉的記憶。不同之處在於用鷹嘴豆泥取代原本的牛肉丸，先烤過後再炸。豆泥上的美乃滋則是別出心裁地以泡菜醬和橄欖油混拌出特殊香氣，和鷹嘴豆泥混搭出非常合拍的口感。

　　另一款南義點心，則是在當地酒吧最常用來搭配葡萄酒的小點「伴伴包」。早期漁民在早晨出海途中，會將油炸過的黑橄欖渣浸入海水後做成抹醬，直接塗抹在傳統麵包上食用。入口醇厚的鹹味帶些微微的苦韻，讓像餅乾般的酥脆口感和黑橄欖醬融合出濃郁的原野氣息。

　　「義式炒菇」則把通常拌炒菇類的奶油換成豆奶，保留入口的滑順感，但更顯清新。在層層堆疊的杏鮑菇上，恣意淋上黑橄欖醬來提取菇的鮮味，再仔細端詳，會發現黑橄欖醬就像畫出一棵大樹，再用堅果創造不同的口感及香氣。

　　主食的馬鈴薯麵和貓耳朵，是主廚花了一段時間在義大利著名的 Bori（貓耳朵一條街）拜師學藝所得，完全未經台灣化的義大利麵，上頭綴有許多蔬菜或是像炸天婦羅的陪襯。完全回歸 pasta 傳統真材實料的作法，卻也最能吃出主廚的功力。

　　以番茄為基底醬汁，入口彷彿綿綿化開的馬鈴薯麵，和 Q 彈十足的貓耳朵有截然不同的口感，再撒下從義大利帶回來香氣十足的奧勒岡，徹底顛覆我們味蕾對義大利麵的記憶，也讓我們第一次體驗到道地的南義大利食物，看似質樸卻如此精彩。

> **美食小知識**
>
> 在地中海地區被廣泛食用的橄欖，常見到的有綠皮、紫皮與黑皮，但不論顏色為何，都是同一種橄欖，差異只在於成熟與否。橄欖營養豐富，常用來入菜的黑橄欖富含多種微量元素，又以鈣質跟維生素 C 為最，但因為多經醃漬，鹹度偏高，若食材中已有橄欖，鹽巴記得酌量減少。

在 QUISINE 菓芯蔬食餐酒館
我推薦柒月紅麻椒油潑肉佐脆片

37 | 帶有玩心的 蔬食餐酒館

一星★☆☆

#兼具創意與玩心
#廚藝技巧紮實

QUISINE 菓芯蔬食餐酒館

📍台中市北屯區瀋陽路二段 179 號　　📞04-22476136　　🍃全素／蛋奶素

　　自資訊快速流動爆炸的網路時代興起，每隔一段時間便會產生新的流行，餐飲也不例外。這幾年，走異國風味的餐酒館方興未艾，因為兼具優雅時尚與輕鬆氛圍，大受年輕人歡迎，同時也在蔬食圈激起漣漪。

　　台中的 QUISINE 果芯蔬食餐酒館，是我在評鑑過程中，深感主廚玩心的一家餐廳，我特別點了道唸起來最為拗口的，「柒月紅麻椒油潑肉佐脆片」名稱複雜，但其實就是玉米片沾辣味素肉醬，一入口辣度閃爍，不會過度刺激，倒是堅果香濃郁，加上擺盤花團錦簇，非常適合好友共享分食。

　　另一個有趣的小點是有三種口味的 Q 拿滋，甜口味的爆漿紫糯芋泥最好吃，非常有勁的豆乳麵糰裡，藏著一塊麻糬，還有甜度適中的自製芋泥，比例奇葩。另一道「藜麥香料炸花椰佐芥茉醬」，蓬鬆的天婦羅麵衣裡是完整的花椰菜，因有迷迭香跟百里香賦味，與蜂蜜芥茉醬的濃馥甜辣十分合拍。

　　要想在盤中玩創意，廚藝底蘊可得厚實，這點可從果芯的義大利麵跟燉飯中得到驗證。蒜炒辣椒義大利麵噴香微辣、牛肝菌松露野菇燉飯芬芳濃醇，松露醬用得毫不客氣，兩者都在水準之上，看樣子主廚在玩心大發之前，可是受過紮實的廚藝訓練呢！

> **美食小知識**
> 雖然都叫芥末醬，但口感與外表可是大相徑庭。美式芥末醬顏色艷黃、口感滑順，多半用來配熱狗跟三明治。法式芥末醬色澤鵝黃、酸度偏高，適合入菜，如烤肉或燉菜。至於日式芥末醬，是山葵或辣根做的，與芥籽完全無關。

在湯堡港式點心
我推薦總匯腸粉

38 │ 腸粉控的
快樂天堂

一星★☆☆

#腸粉口味多樣
#自製醬汁風味獨特

湯堡港式點心

📍彰化縣和美鎮中正路 121 號　　📞0966-239538　　🍃全素／蛋奶素

美食小知識

由於口感香脆，油條經常被拿來與其他澱粉類相配，像是用腸粉來包裹油條的炸兩，還有燒餅油條跟台式飯糰。這種以澱粉包澱粉的例子並不多見，類似的還有台灣的大餅包小餅跟天津的煎餅餜子。

　　叫菜喊單、杯碰箸擊、笑鬧雜談，各種聲音層層疊加。在如此蜩螗沸羹的地方，唯有煎著腸粉的廚師保持冷靜，他們快手淋上米漿、鋪料、翻煎，一次就能煎好數份白拋拋的美麗腸粉，看得讓人肅然起敬。

　　以上是我對於腸粉的美好回憶，這種需要掌握時間的速成型港點，成為我上茶餐廳的必點心頭好。彰化和美這家湯堡港式點心，主打蔬食腸粉，菜單上口味還真不少，且幾乎都是全素。

　　腸粉組成不外乎就是粉皮、內餡跟醬汁，湯堡的腸粉皮以純在來米漿研製，煎得稍厚，嚐得到米香；內餡以鮮蔬、香菇、豆乾等組成，配上酥脆油條，堆疊出令人雀躍的層次。至於醬汁，雖然看似淺褐清淡，不過帶有明亮的鹹鮮滋味，因是由素蠔油為基底加上祕密配方而成，頗具畫龍點睛之效。略為可惜之處，我嫌它包覆得不夠紮實縝密，用筷不慎，油條就與粉皮分家了。

　　滑潤、酥脆、鹹香，腸粉從做到吃，都具療癒神效。早晨來一碟，最好再沏壺好茶，細嚼慢食，好好享受這有點溫度的悠閒時光。

在掬翠拾煙蔬食創作料理
我推薦松露雲南米線

39 | 發揚盤中真善美

二星★★☆

#鹿港蔬食首推
#體驗季節旬味

掬翠拾煙蔬食創作料理

彰化縣鹿港鎮金盛巷 10 號 　 📞 04-7789112 　 🌿 全素／蛋奶素

散步之旅從天后宮出發，沿途朱瓦紅磚，古意盎然。中台灣的古老城市「鹿港」散發著歷史沉積後的樸實韻味，每次來到這裡，都讓我心緒平靜，全心徜徉在時空錯置的奇幻之中。

這麼美好的小鎮，當然也有值得推薦的蔬食餐廳，外觀摩登的「掬翠拾煙」便是我的心頭所好。掬翠拾煙提供創意蔬食料理，我對「創意」二字非常敏感，若自顧自發揮創意，忽略了烹飪初衷，便是本末倒置。不過掬翠拾煙倒是讓我多慮了，他們的料理內外兼備，一餐下來，就像上了堂季節美學課。

御品猴頭排為上乘之作，拳頭大的猴頭菇沾蛋掛粉煎到金黃酥透，激盪出充滿山林氣息的野性芬芳，淋上黑胡椒蘑菇醬後，舌尖風味又添溫醇柔和，是全然不同的味覺饗宴。另一道松露雲南米線，嘗試讓氣味濃烈的松露與清淡的米線融合，高低互補、意外契合。碗中配角，亦是絕美，竹筍鮮脆、蘋婆甜糯、猴頭細滑、米線彈牙，各種不同的質地與滋味在口中撞擊，如同一首和諧的圓舞曲。

春耕夏耘，秋收冬藏，在掬翠拾煙，咀嚼到的是四季況味。主廚手藝細膩且卓越，不斷追求菜餚的真善美，並將蔬食料理昇華到更高的境界。

> **美食小知識**
> 蘋婆又叫鳳眼果，台灣中南部山區種植不少，每年七月是產季，種仁色如蛋黃，味如栗子，烤熟乾吃就相當美味，也可製甜湯或燉煮料理。不過要注意，蘋婆從果皮到果肉對貓狗都有劇毒，且無解藥，製作蘋婆料理時要務必當心。

40

在一碗食舖
我推薦焦糖脆皮煙燻飯

一份用心
與一份堅持

二星 ★★☆

越在地越時髦
不訂位吃不到

一碗食舖

📍 南投縣埔里鎮籃城路 25 號　　📞 0921-227930　　🥬 全素

　　埔里水清澈甘甜，是這座山城的正字標記。而除了好水外，埔里也是台灣唯一推廣全鎮茹素一週的鄉鎮。在這個素食業者兵家必爭之地，蔬食餐廳得更認真，才能突破重圍創造口碑。

　　一碗食舖座位不多，因此可以更用心來款待每一位客人，因對食材與口味的異常頑固，讓他們紅遍全台，但也因為這份堅持，餐廳經常高朋滿座，偶會看到慕名而來卻忘記訂位的食客，在外頭踟躕焦急等候帶位。目前用餐改為全預約制，務必上網查看可接受預約的日期，以免不得其門而入。

　　一間餐廳的靈魂不在裝潢，也不是吸睛擺盤，而是應該回到食物本身。一碗食舖的菜單選項不多，但每一道都讓人驚豔。焦糖脆皮煙燻飯是必點菜色，手作麵腸煎烤時，不斷刷上自家製煙燻醬，香酥口感讓人無法抗拒。米飯也是畫龍點睛，選用埔里合作社的在地「放伴米」，飽滿Q彈，讓我吃到一粒不剩。

　　劇場巨擘李國修老師曾說：「人一輩子能做好一件事就功德圓滿了。」的確，把一件事情做到極致完美，是最難能可貴的，尤其在這個快節奏的時代，大家總想抄捷徑一步登天，但一味速成容易使人跌跤，也許一步一腳印實踐夢想，才是通往成功的最佳指南。

> **美食小知識**
> 位居山中又是盆地，埔里封閉的地形，讓這裡激盪出罕見美好的在地珍寶。外界概括埔里之美，經常以「4W」來介紹，這四個W分別是Weather（好天氣）、Water（好水）、Wine（好酒）跟Woman（美女）。

在貓居蔬食
我推薦茶炊飯

41 | 讓人魂牽夢縈的茶香料理

一星 ★☆☆

茶饌新格局
活用在地農產

貓居蔬食

📍 南投縣埔里鎮中正路 527 號　　📞 0909-957527　　🍃 全素

埔里位在台灣正中心，是個地靈人傑的好地方，這裡被群山包圍，還有愛蘭溪流經，好山好水，遠離塵囂，可能因為這樣，埔里，包含鄰近的國姓、魚池，遍布不少佛寺道觀，因此埔里的蔬食餐廳密度極高，而且都頗具水準。

正如其名，貓居蔬食是家裝飾有各種貓咪的可愛小店，座位不多，氣氛溫馨，一走進店內就能聞到相當純粹的高湯香氣，引得食欲大開。

埔里純淨的空氣與水，養出品質極佳的農作物。貓居蔬食大量使用當地農產，並以遠近馳名的日月潭紅玉紅茶為基調，烹調出精湛又富在地溫度的茶香料理。

我非常喜歡貓居蔬食的茶炊飯，不僅用茶湯來煮飯，還淋上少見的紅茶籽油，茶香厚實卻不喧賓奪主，烘托出在地蔬果良米的氣韻芬芳。兩道麵食「茶燒麵」與「銷魂麵」都以湯頭見長，前者醇香厚實，後者清爽甘甜，可依自己喜好選擇。

茶是一種神奇之物，可獨飲也可入餐，貓居蔬食將茶的本真發揮到極致。我問老闆：「怎麼會想用茶入菜？還做得這麼好？」他說：「我們有自己的茶園啦！」這我就懂了，原來是自產自銷，難怪鳶飛魚躍、怡然自得。

美食小知識
以茶色亮紅、香氣濃郁聞名中外的日月潭紅玉紅茶，由於栽種時不灑農藥，嫩葉會被小綠葉蟬叮咬，本以為經蟲害的茶葉將凋零枯萎，沒想到反而產生複雜化學變化，經烘焙後會散發出特殊蜜香，滋味甘甜，這便是紅玉紅茶又被稱為蜜香紅茶的原因。

在雪花素食
我推薦糯米捲

42 | 蔬食版 切仔麵店

推薦☆☆☆

\# 小菜選擇多
\# 環境清潔衛生

雪花素食

📍 南投縣埔里鎮忠孝路 141 號　　📞 049-2985127　　🌿 全素

美食小知識

糯米加熱後會產生極高的黏性，因此經常被用在米食加工上，糯米大致
上分成長糯米跟圓糯米，一般來說，長糯米會用在還看得到「米粒」的
食物上，例如米糕、米腸、油飯跟粽子，圓糯米則多研磨成粉或漿，再
加工做成像是鹼粽、年糕、麻糬、湯圓、紅龜粿等點心。

　　傳統滋味總是讓人懷念，埔里的忠孝路是素食一條街，泰半都是最為嚴格的全
素，所以不論你對蔬食的定義為何，來這裡都不用擔心破戒，可放心享用。

　　雪花素食其實就是蔬食版的切仔麵攤，黑白切小菜選擇多樣，以海苔為外衣的
糯米捲，將米飯填得紮實，相同作法的高麗菜捲，改以腐皮包覆，清香幽微，兩者
都不用沾醬，雖清淡但餘味流長。

　　比起其他傳統素食餐廳，雪花素食空間敞亮、盤面整潔，就連很容易藏汙納垢
的辣椒罐也擦拭得相當乾淨。或許菜色平鋪直述，口味也不算拔尖，但在基本面齊
備下，我仍然推薦雪花素食，來到埔里的話，不妨參考。

43

在阿深越南蔬食
我推薦涼拌木瓜絲

暖心滋味
落地生根

一星★☆☆

蔬食版越南料理
新鮮香料層次豐富

阿深越南蔬食

📍 南投縣埔里鎮中正路 577 號　　📞 0966-533286、049-2997150　　🌿 全素

因人口遷徙所帶來的飲食文化，最明顯的例子，應是台灣隨處可見的越南小吃店。越南餐廳約在 80 年代開始出現，2010 年左右達到鼎盛，雖說多半賣的都是河粉、法式麵包一類，不過因為很符合台灣人口味，成為有史以來在台灣成長最快速的異國料理。

當河粉沒有牛肉、海鮮，法式麵包沒有火腿，甚至連重中之重的調味料「魚露」都不能放，蔬食版的越南菜還能有什麼看頭？老闆娘阿深為了讓不吃葷食的朋友也能品嚐越南料理，可是多方嘗試、反覆實驗，才終於找到兼具傳統越菜與蔬食要素的美味方程式。

阿深尋來發酵黃豆水替代魚露；不用蔥蒜，就調整九層塔與薄荷的比例；葷腥肉類，改以小麥條來偽裝；至於湯底，滿滿的蔬果小火慢燉，熬出來的湯頭鮮甜可與大骨湯相媲美。

特別推薦阿深做的涼拌木瓜絲，刻意切得較粗的木瓜絲，肥脆帶甜，醬汁深醃，比用魚露調的還有味道。番茄河粉選料豐富，酸得剛剛好，還有越南春捲，裡頭藏著薄荷，芳香氣息因而從舌尖一路蔓延至咽喉。

阿深在越南就吃蔬食，一開始原因很簡單，就是「不願殺生」。來到台灣也十幾年了，不知道她自己有沒有發現，決定開始做越式蔬食後，其實也讓良善跟著飄洋過海，與她一同，在這塊土地上落地生根。

美食小知識
越南南部的湄公河三角洲，是世界上少數一年可三穫的稻米產地，在越戰前，越南還曾經是全世界稻米生產量最多的國家。以米為主食的越南人，會把米製成米線、河粉、米紙等，因此後來才會有我們熟知的越南河粉、越式春捲的誕生。

44

在 16 廚房
我推薦鐵板豆腐

讓人多吃幾碗
白飯的蔬食熱炒

一星★☆☆

\# 現做熱炒料理
\# 多道可客製全素

16 廚房

📍 雲林縣斗六市上海路 244 號　　📞 05-5373384　　🌱 全素／蛋奶素

　　我聽過一句話：「在食欲之前，我們會變得誠實。」這或許也可以解釋，為什麼我們約人談事情經常選在飯桌上，美食當前，還有什麼話藏得住？舉箸喫菜、杯觥交錯下，自然是一笑泯恩仇。

　　能夠輕鬆談天的台式熱炒店，經常是我宴客餐廳首選，「但沒有雞鴨牛魚、蔥蒜韭薤，熱炒會好吃？」友人偶爾會對我提出這樣的質疑。我就會跟他們說：「當然有！不過得跨越濁水溪。」

　　雲林斗六這家 16 廚房，若無熟人推薦，很難想像在質樸門面下，有著讓人回味再三的台式熱炒。第一次來，聽說蘿蔓炸蝦必點，果真金黃酥脆，裡頭藏著香菜跟金針菇，口感氣味對比相映，讓人齒頰留香。

　　其他經典菜色，更是大開眼界。「椒麻雞」檸香四溢，肌理纖維幾可亂真；「鐵板豆腐」油潤燙口，滑嫩豐腴更勝酥酪。我問承彥：「怎麼樣？這家蔬食厲害吧？」此時他眼睛正發亮，忙著盛第二碗飯，果不其然，在美食前面，葷素界線早已漫漶不清，鮮滋味美，不言而喻。

> **美食小知識**
>
> 由豆類萃取出來的蛋白質，是一種完全蛋白質，提供了所有種類的必需胺基酸，在加工後可作為肉類替代品。目前最常見的是大豆蛋白，不過這幾年豌豆蛋白也逐漸受到矚目，豌豆蛋白常被用來替代乳清蛋白食品，也可做成純素的起司和優格。

在香香素食
我推薦烏魚子炒飯

45 | 隨心而至的家常好味

推薦☆☆☆

媽媽味料理
大廚手藝平價美食

香香素食

📍 嘉義市東區民權路 126 號　📞 05-2715756　🍜 全素／蛋奶素

　　對我來說，蔬食生活是一種日常，沒有道德包袱，亦無崇高理念，單純因為做這件事讓我開心，就這樣持續二十多年。

　　《豐蔬食 2》的評鑑過程中，經常在各地遇到與我志同道合的蔬食者，嘉義這家「香香素食」的創店理念，便與我相當投契。據聞香香素食的店主原本在台北當主廚，返鄉照顧茹素的母親後，深感蔬食者用餐時遭遇到的不友善，於是他乾脆自己煮，研發各種飽餐飯麵，最後乾脆開店，讓廣大的蔬食者有個地方可以歇歇腳。

　　我從未吃過素的廣東粥，在香香是第一次，此外，這裡還有丼飯、烏龍麵、烏魚子炒飯、咖哩飯、義大利麵等，菜色種類非常多元。

　　我最喜歡他們的烏魚子炒飯，蓬鬆清爽，香氣四溢。廣東粥也不錯，稠糯醇和，我連吃好幾碗。香香的東西多半調味清淡、溫和適口，如同媽媽在廚房隨心而至、信手拈來的家常味，平凡、尋常，但彌足珍貴。

美食小知識
現在也能輕易買到素烏魚子了，但通常是用米粉、豆粉或是馬鈴薯粉壓製成的，顆粒感較明顯。如果想要複製烏魚子特殊的油潤滋味，可以用乳酪為底，再用南瓜或是紅蘿蔔來調色，這樣的素烏魚子口感會滑順許多，入口的油香也與實物更接近。

46 市場裡的
良品好麵

推薦☆☆☆

\# 自製麵體
\# 三椒醬好好吃

三津製麵

📍 台南市北區成功路 148 號　　📞 0987-669996　　🍜 全素／蛋奶素

Chapter 3　「豐蔬食」星評鑑指南・餐廳　　161

美食小知識

這幾年台灣速食麵市場，幾乎全被乾拌麵壟斷。不只各大品牌相繼推出，不少藝人明星也前仆後繼加入。從利潤來說，乾拌麵的毛利率通常達到五成，的確是一筆好生意，現在觀察，未來乾拌麵趨勢將朝素食，以及附配料調理包的來發展。

　　台南鴨母寮市場一隅，一家被菜攤與肉販夾在中間的私房小店「三津製麵」，是我只要來到府城，都會專程起早拜訪的特色麵館。

　　很難得有店家像三津製麵這樣，從麵到醬全不假手他人，充滿了手作溫度。店內有兩種麵款：家常麵條筋性很足、極富彈性；麵疙瘩扁滑軟Q，也是佳味。

　　麵條夠好，佐醬也優秀。如果首訪，先從「古早素燥」跟「濃郁胡麻」入門，傳統有致，很有府城美食之都的風範。喜歡嚐鮮的，「特調川辣」跟「羅勒皮蛋」都極推薦，尤其是羅勒皮蛋，店家將皮蛋與羅勒一同打碎製醬，在飽滿的香草氣息下，隱隱藏著皮蛋特有的厚實底氣，饒富特色。

　　對了，如果敢吃辣，記得在吃半碗後，加一瓢店家特製的三椒醬。這個橙紅油亮的辣椒醬可不是在開玩笑，只要一點點，辣意就會從舌側開始，逐步蔓延整個口腔，帶來鮮明的撞擊與狂喜。

在老三吃素
我推薦台味經典芋頭米粉湯、青醬毛豆泥香煎豆包

47 換個視角又是一片綠洲

推薦☆☆☆

\# 熟悉的食材不一樣的味道
\# 中西合併的好滋味

老三吃素

📍 台南市中西區海安路二段 115 巷 3 號　　📞 0928-428396　　🌿 維根（Vegan）

有著對美食的無比熱情，加上從不設限的飲食習慣，台灣已是全球蔬食者公認的「蔬食者的天堂」。新穎蔬食餐廳一家一家開設，只是多數提供的是披薩、義大利麵、燉飯等西方料理。這些菜餚固然好吃，但吃多了易感困乏失焦，陷入審美疲勞中。

　　「老三吃素」的老闆自高雄餐旅大學畢業後，便前往加拿大深造。在偶然機緣下，在地球彼端加入了環保團體，就此開啟他的蔬食第二人生。回台灣後，他決心投身蔬食產業，嘗試以所學手藝感動人心。他的料理打破了西式蔬食框架，將中式料理以西式手法呈現，激盪出中西合併的無限可能。

　　我特別推薦老三的青醬毛豆泥香煎豆包。先以九層塔為基底做成青醬，接著再點綴於鋪滿青豆泥的豆皮上，層次口感極為豐富，毛豆香跟豆皮香，兩種豆香輕盈交錯，用作前菜享用最為合適。芋頭米粉湯更是不能錯過。芋頭鬆軟卻不熟爛，湯頭清澈鮮亮，還加入豐富蔬菜配料，暖心又暖胃。

　　美食當然是主觀的，酸甜苦辣鹹鮮，每個人都有自己鍾愛的比例調配，但一家餐廳有無「用心」，是任誰都能明顯體會到的直觀感受。在老三吃素，店家的熱情如此昭然若揭，這便是推動台灣蔬食產業持續前進、源源不絕的動力來源。

> **美食小知識**
> 台灣毛豆品質好，每年出口將近三萬五千噸，其中有九成都銷往日本，是備受矚目的「綠金」。宮城縣仙台市，是全日本毛豆年耗量最多的城市，這裡將毛豆做成奶昔、蛋糕、咖啡、冰淇淋，來自寶島的毛豆華麗轉身，變得優雅時尚，也算是一種台灣之光。

在老爹素食
我推薦大長包小長、每日鮮蔬粥品

48 | 打開塵封多年的 時光膠囊

一星★☆☆

吃了一口就上癮
距離阻擋不了覓食熱情

老爹素食

📍台南市安南區海環街 34 號　　📞0909-611077　　🍃維根（Vegan）

　　電影好看與否、專輯好聽與否、餐廳好吃與否，以上問題的答案都是主觀的，跟個人成長背景息息相關。如果你問我什麼是我最懷念的滋味？我會說「老家樓下的麵線」、「巷口的鹹粥」或是「學校對面的大腸包小腸」。它們都不是赫赫有名的名店料理，用的更不是什麼高級食材。它純樸，卻也深植我心。可惜自我茹素後，只能將曾經習慣的美味塵封，成為內心裡的小小遺憾。

　　第一次與「老爹蔬食」相遇是在無肉市集，攤位前大排長龍的隊伍激起我的好奇心，想知道這樣的人氣究竟所為何來。九十分鐘後，一份久違的「大長包小長」出現在我面前。我與它已經二十年不見，咬下一口，悸動依然，唯一變的是它「素」了。米長、香長、小黃瓜與酸菜完美融合，令我又驚又喜。當下我就決定要前往台南本店一探究竟、細細品味。

　　老爹蔬食不在台南市中心，但其美味卻能吸引人跨越距離的藩籬，慕名而來的顧客總是絡繹不絕，晚到就真的吃不到了！除了必吃的「大長包小長」，真心推薦大家試試他們家的鹹粥。那就是我學生時期早餐的滋味啊！豐富的材料配上清爽的湯頭，與人無負擔的飽足感。飯後來一杯「洛神美式」，自家釀造的古早味配上提神的美式咖啡，調和了味覺，也沖入無以倫比的舊時光陰。

　　民以食為天，每個人都有自己一日三餐的故事與見解，簡單純樸的庶民滋味，是我能想到關於食物最美好的記憶，那你的呢？

> **美食小知識**
> 一般用來製作糯米腸的腸衣，主要是豬或羊腸道中的膠原蛋白黏膜部分，但天然腸衣的口徑不一、柔軟易破，因此也出現以牛皮膠原蛋白合成的人工腸衣。不過以上都是葷食，如果茹素，可選擇以提煉海藻酸或花生蛋白做成的素腸衣，口感近乎無異。

49

在清祺素食點心部
我推薦炸春捲

城隍廟旁的
盛情款待

推薦☆☆☆

全素點心
台南人激推早餐

清祺素食點心部

📍 台南市中西區青年路 135 號　　📞 06-2285781　　🍃 全素／奶素

豐蔬食 2

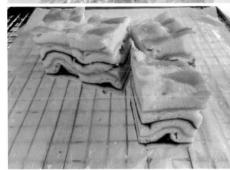

　　應該不少人早餐總是囫圇吞棗、敷衍了事，但如果你來台南，記得放慢腳步，一天之始，不妨好好接受台南的盛情款待。

　　清祺素食點心部有分早午，行家都知道要在十一點前光臨，因為只有這時候，才能品嚐到種類繁多、手藝精湛的各色點心。

　　洋洋灑灑大約有近二十種，有港式的糯米燒賣、珍珠丸、蘿蔔糕、春捲，也有燒餅、芋頭糕、高麗菜捲、蘿蔔絲餅，就連客家風味的菜仔粿也在其中，蒸炸烤焙、軟Q脆潤，各種族群跟口感喜好都照顧到了。

　　如果想吃到熱騰騰的點心，會建議再早一點來，東西選擇也最多。吃飽喝足後，旁邊就是香火鼎盛的台灣府城隍廟，不妨順道參拜，為府城之行增添些許文化采風。

> **美食小知識**
>
> 台南人，為什麼早餐要吃這麼好？台南府城自清朝起就是台灣最富庶的城市，各種產業都發展得興盛蓬勃，造成人力需求極高，這些勞動人口，只要一早吃得好吃得飽，就可保一天體力充沛。流傳至今，台南就形成早餐吃澎湃的飲食文化了。

50

在自然熟蔬食
我推薦拿坡里蘑菇青椒麵

老屋內的
超級蔬菜庫

一星★☆☆

\# 老屋藏好味
\# 義大利麵選擇多

自然熟蔬食

📍 台南市中西區民族路二段 57 巷 1-2 號　　📞 06-2231148　　🌿 全素／五辛素／蛋奶素

　　洗石外牆、玻璃木門，這棟老屋娟好靜謐，不說還以為是哪個大戶人家的奢華宅邸，但出人意料，其實是家蔬食餐廳。

　　台南鬧區這家「自然熟蔬食」，華美建築是它給人的第一印象，走進屋內，更是別有洞天，挑高天花板吊著緩慢轉動的風扇，陽光透過花窗灑落，牆上有鹿頭還有貓頭鷹，洋溢著異國風情，如同一座畛域疊加、鄉村混合殖民的混血別墅。

　　但環境裝潢再好，餐點不佳也是無用。我喜歡自然熟的主因有二：其一，他們用的蔬菜種類極多且特別，像羽衣甘藍酪梨沙拉，羽衣甘藍的苦澀，帶出其他食材的深層甘馥，加上酪梨的油脂調和，好豐富、好精彩。

　　其二，義大利麵相當精湛。坦白說，提供義大利麵的蔬食餐廳無論南北，多如牛毛，但自然熟有獨特之處，像「拿坡里蘑菇青椒麵」，洋蔥青椒炒得通透，番茄醬汁也精準，剛好巴著麵條。「和風醬燒蕈菇麵」也推薦，乾煸蕈菇與鹹鮮醬香很合拍。這邊再告訴你一個祕訣，如果你吃蛋，可加個太陽蛋在麵上，吃半盤後，再把蛋黃拌入，溫潤順口，味道又提升一個檔次。

美食小知識

將義大利麵和洋蔥、青椒等用番茄醬翻炒的拿坡里義大利麵，與拿坡里毫無關係，其實是日本人在昭和初期，自行創作出來的和風洋食。在日本，能輕易在食堂、咖啡廳、家庭餐廳吃到這道料理，對於某些日本人來說，拿坡里義大利麵也代表著懷舊的味道。

51

在南方安逸
我推薦馬來西亞椰香咖哩

少見的南洋口味咖哩

推薦☆☆☆

\# 東南亞風味咖哩
\# 自家栽種香料

南方安逸

📍 台南市中西區神農街 144 號　　📞 0926-680660　　🌿 全素／五辛素／蛋素

　　數千年前，咖哩在印度誕生，之後隨著洋流與車隊傳播到全世界。很少有人能夠抗拒咖哩的美味，我也熱愛不疲，心想沒有一種調味料能夠傳遞比咖哩更為複雜的風味，就像春日天氣，時而和婉溫順，時而潑辣難測。

　　在台灣，咖哩主流是日式甜口味，印度咖哩也不少，其他倒不多。台南神農街巷弄中的「南方安逸」，常年提供馬來西亞、巴基斯坦、緬甸等國的道地咖哩，帶來不落俗套的嶄新感受。

　　聽說店主來自馬來西亞，「馬來西亞椰香咖哩」自然必點。馬來咖哩很不一樣，甜辣還好，惟稍偏鹹，肉桂、丁香、肉豆蔻混雜其中，咖哩葉可助口齒生津，豐郁可口。

　　這天還額外點了限定菜色「彩虹燉菜」，紅橙橙、酸溜溜，有大塊番茄與甜菜，眾人爭辯不休，猜想這來自何地？最後由於色澤口感像羅宋湯，私自給它冠上俄羅斯血統，沒想到在台南，還能從中南半島瞬間移動到北國寒地呢！

> **美食小知識**
>
> 多方種族聚集的馬來西亞，飲食風貌也非常複雜。華人口味偏酸甜，馬來人多吃辣，印度人則以香料見長，這些口味彼此交錯盤根，呈現如大雜燴般的文化樣貌。像是中國菜與馬來文化融合，演化為極具特色的娘惹菜，其招牌料理便是又甜又辣又充滿香料味道的叻沙。

52

在大口覺醒
我推薦紹興奶油燉飯

高雄人力薦的
蔬食好店

二星★★☆

\# 台味異國料理
\# 使用小農食材

大口覺醒

📍 高雄市左營區南屏路 106 號　　📞 07-5525057　　🍃 全素／五辛素

美食小知識

自己做腰果奶非常簡單，一百二十公克的生腰果先泡水四至八個小時，與五百毫升的水用果汁機打勻，不需過濾即是腰果奶，若想增添風味，可加兩三顆椰棗調味。腰果奶可取代多數料理中的鮮奶油，例如奶油燉菜、白醬義大利麵以及奶油燉飯等。

　　每次來到南台灣，我總是被這裡的人情味收買，如此地溫暖、熱情、樂於分享。在《豐蔬食2》構思階段，我就問了幾個高雄的朋友，南台灣還有沒有什麼厲害的蔬食餐廳，沒想到他們異口同聲，都同時力薦左營這家「大口覺醒」。

　　大口覺醒擅長以台式口味融入西式料理，菜單上，你會看到柑仔蜜薑汁調味的薄餅，或是用麻油炒的義大利麵，循規蹈矩中又呈現叛逆的草根精神，連結在地情感，也帶來與眾不同的味覺體驗。

　　紹興奶油燉飯是大口覺醒的佳作之一，經常被做得有點糊嘴的奶油燉飯，因以腰果奶取代鮮奶油，多了豐沛堅果香，再用紹興妝點，以些微苦澀壓抑油膩，中西互擊，色味雙全。

　　椒麻醬油酒醋義大利麵亦是大膽，怎麼會有人把三種不同調性的調味料混為一談？椒麻嗆辣、醬油豐醇、酒醋微酸，三者像劉關張，看似對比強烈，實則缺一不可。

　　使用在地食材來做異國料理其實不是什麼新鮮事，不過要用得精彩絕妙，也屬少見。大口覺醒喚醒我們對於土地的渴望，在一番味蕾探索後，充飽電，再出發。

53

在小明星餐館
我推薦辣味油封番茄堅果貓耳朵

成為自己的
Super Star 吧！

推薦☆☆☆

＃駁二好餐廳
＃店內舒適氣氛佳

小明星餐館

📍 高雄市鹽埕區莒光街 65 巷 4 號　　📞 07-5218801　　🍃 維根（Vegan）

美食小知識

鹽埕區是高雄最早開始發展的地方,早在荷據時期,就有漁民在此捕撈烏魚,明鄭時期還是曬鹽重鎮。鹽埕區風光一時,後因商圈轉移沉寂好長一段時間,之後轉型成為文創基地後,以駁二藝術中心為圓心,向外擴展成一個集鋼鐵、文化、鐵路、海港、小吃美食的活力街區。

高雄駁二藝術特區是我去高雄必定造訪之處,這裡有不少藝術展覽進駐,還與新興藝術家合作,改建閒置已久的老舊倉庫,賦予新生。每次來駁二都會找到新的驚喜,就連附近的餐廳都不例外。不遠處有間結合了復古意象與現代潮流的隱密小店,獨自在後巷靜靜閃耀,它就是「小明星餐館」。

記得第一次前往小明星餐館時,一行人跟著地圖繞來繞去遍尋不著,只好致電店家詢問。經過指引,原來要通過一條狹長的「摸乳巷」才能抵達。小明星餐館內裝潢相當復古,彷彿穿越時空回到 70 年代,店內從磚瓦到音樂,都能充分感受到店家用心創造的儀式感,而這份巧思也延續到他們的餐點上。

推薦「烤紅肉地瓜佐香草豆乳霜」作為開胃菜,餐點雖會讓人聯想到夜市賣的經典小吃「甘梅薯條」,但滋味天差地別。店家使用椰絲與地瓜相結合,撞擊出南洋景致。主菜「辣味油封番茄堅果貓耳朵」也絕非等閒,手捏出的貓耳朵極富溫度,咀嚼後口腔滿是麵香,淋上番茄與堅果熬煮的醬汁,竟出現類似腐乳的香氣,微辣明亮,嚐一口便讓人由心發出幸福的微笑。

雖然名為「小明星餐館」,但我認為以店家的努力與創意,在不遠的那天,它將成為一顆明亮的巨星,持續在舊城區璀璨閃耀。

54

親子同享 蔬食美好

在小孩吃素
我推薦新三色氣死歐姆蛋

一星 ★☆☆

#菜色充滿童趣
#兒童蔬食餐廳

小孩吃素

📍 高雄市苓雅區福建街 342 號　　📞 07-2226187　　🌿 全素／五辛素／蛋奶素

時代不同了，現在孩子們可是很有主見，帶他們上餐廳吃飯，吃什麼還得合他們意，這時候來大人也會喜歡的親子餐廳，那就能兼顧雙方，兩全其美了。

我身邊不少朋友雖然自己是蔬食者，但往往並未要求孩子要有一樣的飲食習慣，除了在學校會產生諸多不便，也擔心小孩因挑嘴造成營養不均。但高雄這家「小孩吃素」，店名開門見山，期待小孩在成長過程中，慢慢習慣並享受蔬食。

菜名讓人莞爾的「新三色氣死歐姆蛋」，雞蛋、鹹鴨蛋跟皮蛋，加上兩種起司，白胖柔嫩還能拉絲，很對小朋友胃口。「花生巧克力醬脆薯」正如其名，香酥薯條上淋著大量的巧克力醬跟花生醬，甜鹹交錯，幾雙小手伸過來，很快就見底朝天。

我對所謂的「胎裡素」保持順其自然的態度，孩子可以有自己的選擇。對於蔬食家庭，這類的蔬食親子餐廳或許算是最大公約數，也期待這樣的餐廳可以越來越多。

> **美食小知識**
> 所謂的胎裡素，是指母親在妊娠階段便吃素，孩子出生後自己又持續吃素的類型，可說是「出生前就開始吃素」。孕婦若要茹素，較可能遇到蛋白質、鈣與鐵攝取不足的狀況，蛋白質可靠豆製品，鈣與鐵可多食用芝麻、堅果以及深綠色蔬菜來補充。

在親古韓式蔬食堂
我推薦部隊鍋

55 ｜ 憨膽精神，
韓氣爆發

推薦☆☆☆

＃ 韓式蔬食先驅
＃ 不放五辛依然好味

親古韓式蔬食堂

📍 高雄市新興區文橫二路 127 巷 48 號　　📞 07-2612403　　🥢 全素／蛋奶素

美食小知識
泡菜絕對是韓國飲食文化最瑰麗的一環,其種類繁多,從白菜、蘿蔔、海藻、黃瓜都可醃,大約有近兩百種。雖然看起來沒有使用葷食原料,但韓國泡菜十之八九會用魚露來調味,蔬食者在挑選韓國泡菜時原料要仔細看清,以免不小心誤食。

　　不管世代如何轉變,鮮亮有勁的韓國料理,擁戴熱潮從未消退。我自己也很愛韓國菜,但無論是過去旅遊經驗,或是人在台北,我近乎踏破鐵鞋,也鮮少找到蔬食韓國料理餐廳,幸好聽說高雄開了間親古,總算讓人看到一絲曙光。

　　親古的老闆是個年輕女孩,她同時有推廣蔬食的使命感跟一個愛吃鬼的靈魂,她發現台灣幾乎沒有蔬食韓食,在做了徹底研究與市場調查後,就在高雄新崛江的巷弄裡,開了家小小的、可愛的、溫馨的韓式蔬食食堂。

　　熱騰騰香噴噴的部隊鍋,是親古的拿手好菜,整鍋不含肉蛋,也無蔥蒜,香氣卻豐腴厚實,辣度更不客氣,最讓人激賞的是那久煮不爛的泡麵條,聽說是老闆煞費苦心才尋得的「全麥麵」。另外,加點的飯捲跟拳頭飯可不只用來充飢,麻油香撲人,自家製醃菜也好吃。

　　親古規模不大,菜色研發上也得再更努力,但我非常欣賞這種「偏向虎山行」的憨膽傻氣。他們並未選擇安逸,反而用偏執與理想,在已是百花齊放的台灣蔬食圈,再添上一點新顏色。

> 在恆・好
> 我推薦阿育吠陀香料飯

56 | 在國境之南
好好吃飯

二星 ★★☆

\# 沙拉分量十足
\# 家庭式蔬食餐廳

恆・好

📍 屏東縣恆春鎮東門路 2 巷 11 弄 2 號　　📞 08-8895626　　🍽 全素／蛋奶素

美食小知識

我們熟知的肉桂，是由桂樹樹皮乾燥脫水而成如書卷般的棒狀物。肉桂用途非常廣泛，除了烹飪外，肉桂萃取物已被證實可用於醫藥保健上，肉桂精油也常用作香料、化妝品。2020 年底，台灣開始瘋狂迷戀肉桂捲，肉桂的暖身魔力又更人盡皆知。

　　老房子、小庭院、枝椏浮影、多肉肥大、鹿角蕨挺拔，走進「恆・好」之前，先被這裡的綠意盎然撫慰，心跳恆定，靜謐美好。

　　恆・好的恆來於恆春，這家國境之南的蔬食餐廳，由民宅改闢而成，三五巧婦，用小鍋小灶做出一道道純實可靠的美味料理，在時間彷彿停滯的南國，吃恆・好的菜，歲月更加靜好。

　　店家琢磨季節風味，精選各地食材，再以西式技法烹調。「阿育吠陀香料飯」，肉桂用得直接了當，每嚐一口，就像拿木槌敲擊舌頭，微苦泛麻，熱烈噴香，愛者恆愛，尤其像我這樣狂熱的肉桂「粉」。

　　另一道「藜麥水果沙拉」也讓我驚喜，這天吃到的有酪梨、木瓜、香蕉，據說還會日日更替。但我私心跟店主要求，無論怎麼換，那個醋醃甜菜可別拿下，從不吃甜菜的我全部掃空，打破我多年成見，而我在心懷感激之餘，也為過去被我丟棄的甜菜根，感到一絲悵然。

在明湊禪悅
我推薦無菜單料理

57 神仙美饌
飄飄欲仙

一星★☆☆

料理藏玄機
擺盤器皿十足講究

明湊禪悅

📍宜蘭縣礁溪鄉武暖路 121-7 號　　📞0976-339999　　🍃全素

　　若是時間寬裕，來宜蘭我會走北宜，尤其在春天，細雨霏霏，驅車上山，車道連綿蜿蜒，沿途氤氳繚繞，就像天間與人世的交界，用曲折山徑，阻隔了市儈、俗媚跟虛假。媒體常用「台北的後花園」來形容宜蘭，不只宜蘭人心懷不甘，連我也不太認同這個藏有尊卑階級的偽善稱呼，宜蘭好山好水，但絕非都市附屬。

　　宜蘭的蔬食餐廳亦獨樹一格，礁溪這家「明淥禪悅」，從布置陳設到菜餚構思都心懷禪意，在舒適的的木造隔間中，先品茶香裊裊，續而細嚐道道讚嘆的美味。

　　雖是無菜單，但可依豐儉選擇 1000 元或是 680 元的套餐，也因菜色甚多，這邊僅能挑幾道特色佳作介紹。開胃菜「花生豆腐佐皇宮菜」，綿柔混雜清苦，細滑入口，脾胃大開；「煙燻杏鮑菇」有海味之感，鮮如花枝；「炸香芋卷」形似絲帶，脆皮藏了芋泥與菇丁；「黃金餃清湯」調和了西式廚風，風琴櫛瓜置於 Consommé（法式清湯）中，還有顆包藏黃金番茄的 Ravioli（義大利餃）點綴，精緻可口；甜點用了桃膠跟雪燕，深具底氣。

　　品嚐完這套精湛美膳，舌頭如濕墨曳掃，甘醇柔韻綿綿不盡。有人說這是神仙美饌，其實成仙與否還得看個人造化，但短暫元神出竅不太難，只要用心品味，便可飄飄欲仙了。

美食小知識
桃膠跟雪燕是近年蔬食新寵，桃膠是桃樹樹皮分泌的樹脂，雪燕則是一種名為雪燕樹的植物，由其木髓分泌物凝固而成。桃膠跟雪燕在發泡後口感脆滑，含大量植物性膠質，可用來製作中式甜湯，因此兩者也被譽為「平民燕窩」。

在蔬泰鄉雲泰素食
我推薦緬式涼拌茶葉豆

58 | 用食物
連結鄉愁

推薦☆☆☆

專精雲緬泰料理
下飯好味道

蔬泰鄉雲泰素食

📍 宜蘭縣羅東鎮純精路一段 19 號　　📞 03-9613898　　🍃 全素／五辛素／蛋奶素

美食小知識

緬甸種族多元，造成緬甸菜形態多元，一言難盡。緬菜大致融合中國、泰國跟印度口味，而由於天氣炎熱，緬甸人非常愛吃涼拌菜，最知名的「涼拌茶葉」，是將發酵後的茶葉，拌上番茄、炸什錦豆、高麗菜與檸檬汁，滋味芬芳，相當開胃。

　　介紹蔬泰鄉之前，先來聊一段真實存在的悲涼歷史。國共內戰時期，一批國軍由雲南輾轉進入緬北，戰爭結束後，有些並未撤守回台，而是留在泰緬邊境，變成被遺忘的孤軍。

　　蔬泰鄉雲泰素食的老闆便是當年孤軍後裔，他來自緬甸，祖籍為雲南，來到台灣後，念念難忘家鄉味，便在宜蘭羅東開了家專賣泰國、緬甸以及雲南菜的餐廳。但為什麼選擇蔬食？原來老闆住在緬甸時，整個村落都吃素，他沒忘本，便以蔬食料理為基石，開設了蔬泰鄉。

　　雖說地理位置緊密相連，但雲緬泰三地菜餚風味殊異。雲南菜「辣醃菜炒半天筍」甘馨微酸、芬芳鮮活；緬甸菜「涼拌茶葉豆」是少見的組合，發酵過的初春茶芽、蠶豆、花生，還有高麗菜絲，各樣風味突出，卻不蕪雜混亂，藏了幽微的春意；泰國菜「打拋」辣度儡人，輕嚐一口竟滿頭大汗，據聞這才是真實口味，過去吃的黏糊酸甜，可能是台式偽物。

　　食物是記憶的最佳導體，無論童顏鶴髮，這一生我們都很難忘記熟悉的家鄉味。蔬泰鄉的料理是有深淺的，淺的是舌尖純粹，深的是鄉愁離騷，同鄉人藉由盤中飧遙想昔日篇章，而我們也在香料芬芳中，嗅得一絲歲月的無情悲涼。

在 PP99 café
我推薦植物能量蛋白質派對堡

59 | 無國界創意
綠色蔬食

推薦☆☆☆

\# 天貝很好吃
\# 開動前相機先吃

PP99 café

宜蘭縣五結鄉鎮安路 63 巷 2 號　　☎ 03-9656252　　🍃 全素／蛋奶素

美食小知識

來自印尼的發酵大豆製品「天貝」，營養價值極高，現在越來越受到矚目。天貝富嚼勁，直接吃有點費勁，可以透過照燒或紅燒的料理方式，讓天貝質地變軟。也可切成薄片，油炸至金黃色後撒上胡椒鹽，薄脆香酥，引人食欲大開。

　　因為宗教原因，亞洲國家茹素的人口比例高於歐美，但真正讓蔬食變得新潮流行的，反倒是西方國家。蔬食在西半球風行很長的時間，先是不少名人公開自己是蔬食主義者，甚至還有米其林餐廳轉型成為蔬食餐廳，再透過媒體傳播，嶄新飲食觀在全世界萌芽，此時的台灣也逐漸走出一條與傳統素食截然不同的新道路。

　　身為一個求新求變的蔬食者，欣見有越來越多餐廳投身蔬食領域，帶著嶄新創意與獨特烹飪手法，一舉讓「吃素」變得「超潮」。我相當欣賞宜蘭五結這家「PP99 café」將不同食材融會貫通的技法，在傳統廚藝的基礎上，幻化出多道內外兼備又具文化深度的料理，嫻熟技藝讓人驚喜萬分。

像是「凱薩天貝時蔬沙拉」，在尋常凱薩沙拉加入處理得當的天貝，隨即多了南洋采風不說，風味酥軟豐實，比添加培根鯷魚更佳美味。招牌「植物能量蛋白質派對堡」，除了天貝外，更有匠心獨具的自製漢堡排。這個可得多說一下，店家不買現成，而是用蔬果碎末揉入宜蘭鹽滷豆腐，醬味濃醇，滑潤不柴，越嚼越香。「花生醬熔岩三明治」是最適合拍照的網紅美食，四層三明治夾滿生菜與素肉排，再淋上幾乎要溢出鐵板的花生醬，甜鹹交錯，是討喜的組合。

吃 PP99 café 的料理，好似在欣賞一幅馬賽克拼貼畫，各色蔬果繽紛，紅黃綠紫清晰透明，放在一起卻讓人暈頭轉向，這可不只是身心靈的饗宴，而是掃射感官的愉悅迷幻了。

60 | 山城裡的 西式早餐店

推薦 ☆☆☆

\# 蛋奶素早餐店
\# 隱藏餐點更值得品嚐

來我們的店

📍 花蓮縣花蓮市和平路 352 號　📞 03-8337235　🍃 蛋奶素

美食小知識

西式早餐連鎖店全台總計超過萬家，與便利商店有著幾乎一樣的密度。現在西式早餐店菜色日趨健康與精緻化，營業時間也有拉長到下午的趨勢，讓你就算睡到自然醒，也能有一個溫暖又平價的地方，用滿滿活力迎接一天的開始。

在山城花蓮，我偶然發現一家罕見的蔬食早餐店，之所以強調罕見，是因為過往所見，標榜素食或蛋奶素的早餐店多是中式，賣些紅燒麵、素燥飯等等，西式反而少有。

「來我們的店」就是會開在學校對面，菜單洋洋灑灑不下百種的那類早餐店，只不過所有菜色都是蛋奶素，一早醒來，可以來個肉鬆吐司配鮮奶茶，或是黑胡椒鐵板麵配玉米濃湯，這是我多年未有的生活經驗。

更有趣的是，老闆將過去曾被委託製作的「客製化餐點」貼在牆上，羅列而成菜單上的「隱藏版美食區」。像我就很喜歡雙倍起司肉排蛋吐司，半熟蛋汁跟起司融合，口口酥香濃郁；鋪著新鮮水果的雙醬水果派對，奶酥打底淋上糖漿，也是讓人回味再三的清新好味。

早餐吃得好，才能整天保有活力。來我們的店因為菜單豐富多樣而被列入我的口袋私房名單，來花蓮玩，再也不怕早上沒東西可吃。

61 | 舌尖徜徉 山海間

推薦☆☆☆

一定要預約
吃什麼當天才知道

織娘之家

📍 花蓮縣新城鄉新城村新興路 1 號　📞 03-8611882　🌿 全素

　　織娘之家是間融合原民文化與南洋異國情調的特色小店，店主姊妹是太魯閣族，本業是做原民服飾設計，抱著「交朋友」的心態，在店內擺起幾張餐桌便開始賣餐，因為隨心而做，也可謂不務正業，所以這裡沒有菜單，吃什麼隨老闆心意，但也因此驚喜連連。

　　織娘之家採套餐方式上菜，第一道就給水果，第二道開始，熱情的老闆娘會教你怎麼享受美食，「燻豆包佐鮪魚與高山高麗菜」可是自有其食用順序，先用豆包配素鮪魚跟素鬆，接著跟高麗菜拌勻當沙拉吃，最後再以自家醃製洛神作結，節奏分明、鏗鏘有力。

　　隨之而來的料理道道精湛。麻油猴頭菇香氣足而湯色澄清、滷青木瓜淡雅潤澤、清燙龍葵苦後回甘、花菇飽滿肥厚，就連素魚排也藏了海味，原來老闆娘為了更貼近真實，特別選用海帶提鮮。

　　十道菜吃下來，嚐到的山鮮蔬果超過二十樣，在這個立霧溪出海口旁的小屋，藏了難以用文字傳達的樸實美饌，只不過他們的好菜需時間醞釀，目前不接受散客誤闖，記得拜訪前先電話預約。

美食小知識

現經中央認定的原住民共有十六族，其飲食面貌雖各具奇趣，但不外乎是靠山吃山、靠海吃海。如阿美族被稱為「百草之族」，對野菜認識最為透澈；達悟族世居蘭嶼，飛魚是一大特色；布農族則因居於深山，主食以芋頭跟蕃薯為主。

62 | 讓人傾心的 素肉燥

推薦☆☆☆

\# 不落俗套的素肉燥飯
\# 冰花煎餃也是招牌

夏安居草食堂

📍 台東縣台東市中興路一段 147 號　　📞 089-222646　　🍃 全素

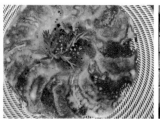

美食小知識

雖然台灣不大,但「滷肉飯」所指南北大不同。北部跟中部,滷肉飯為白飯上淋絞肉滷汁,但在南部,滷肉飯指的是滷三層肉的豬肉飯,碎肉的則稱為肉燥飯。北部跟中部當然也有滷整塊三層肉的飯,但通常被叫作爌肉飯或焢肉飯。

　　最能代表台灣的小吃是什麼?根據CNN的「台灣非吃不可的40種小吃」票選,登上冠軍寶座的,是每人心中都有一碗的滷肉飯。在成為蔬食者前,我也極度熱愛滷肉飯,尤其當人在異鄉,水土不服、食不下嚥時,憑空想像一碗香噴噴的滷肉飯,就會讓人隔空吞嚥,饞蟲哭嚎。

　　遠離葷食後,滷肉飯就成了追憶,雖然一些店家也有提供素燥飯,但不是香料過重,就是滷汁太鹹,幾年下來,對於追尋好吃的素滷肉飯,我早已心灰意冷,直到來台東,偶然在「夏安居草食堂」吃到擔擔飯,頓覺遺憾一掃而空。誰說蔬食者嚐不到這種升斗小民的美味,鐵鞋沒踏破前都還言之過早。

　　雖然名為「擔擔飯」,但其實就是素滷肉飯,糙米上那勺香氣撲鼻的素肉燥,主要由豆皮構成,沒有厚重的醬油色澤,幽微清甜,還飄散著淡淡野薑。清麗的素肉燥不只是用在飯上,夏安居也拿來拌麵,饕客可依喜好自由選擇。

　　最簡單的東西往往最容易收服人心,一碗好吃的滷肉飯,帶來使人雀躍的舌尖歡愉,滷肉飯世界何其多變,夏安居將素肉燥做得不落俗套,捨棄傳統素料,調味穩妥得宜,這碗擔擔飯簡單也不簡單。

在巧本味蔬食人文料理
我推薦香椿拌飯

63

一口香椿
滿身香

推薦☆☆☆

\# 全都用池上米
\# 拌一拌再吃

巧本味蔬食人文料理

📍台東縣池上鄉靜修路 102 號　　📞089-865871　　🍃全素／蛋奶素

在宗教素中，五辛被認為是邪物，吃了會影響性情、產生欲望。偏偏這五種辛香植物都是賦香提鮮的好幫手，為求美味，早期的蔬食餐廳只好尋找替代品，像是薑、香菜、九層塔，還有最受爭議的——香椿。

我是「大眾素」，本就不忌五辛，只是偶爾走進宗教素的餐廳，發現他們酷愛使用香椿，豆腐上放一點、拌麵上撒一點，有的店家還會拿來包水餃或揉進丸子裡。對我來說，香椿相當跋扈，氣味濃於茴香跟薑黃，顏色也強過羅勒跟歐芹，斟酌使用倒還好，就怕失手下重，那濕冷的草腥味，光想就讓我打起寒顫。

位在台東池上，店面迷你的巧本味蔬食人文料理是處理香椿的高手。自製的香椿醬鮮綠濃重，滋味爽利還帶點果仁味，可配飯也可配麵，但我推薦配飯多一些。店家用池上好米製作香椿拌飯，佐以玉米、素鬆、牛蒡絲、亞麻仁油，都是能襯托香椿特色的平實小菜，相得益彰、頗為出色。若真不喜香椿也別勉強，巧本味的紅燒臭豆腐也具水準，尤其是吸飽湯汁的臭豆腐，用來中和滿嘴香椿味再好不過。

吃完這碗香椿拌飯，我甩掉對香椿的固執偏見，更何況有醫學研究指出，香椿的抗氧化力超強，還是蛋白質、鈣質跟維生素 C 的寶庫，思及此處，不由得對過去畫地自限的自己感到懊惱，早點愛上香椿，說不定可以晚幾年為臉上的細紋斑點煩憂呢！

美食小知識

香椿滋味特殊，營養也豐富，唯一需要注意的，香椿亞硝酸鹽含量較高，雖說正常狀況下，要食用到中毒不太可能，但仍有體質敏感者因吃太多香椿身體不適的案例，建議食用前先將香椿川燙一分鐘，便可去除絕大多數的亞硝酸鹽。

在森森咖啡
我推薦芝麻味噌豆腐飯

64 | 狂野風格的
森林系蔬食

推薦☆☆☆

\# 森林系咖啡廳
\# 也歡迎帶寵物

森森咖啡

📍 台東縣台東市新生路 503 巷 1 號　　📞 0988-827250　　🍃 蛋奶素

美食小知識

紫米跟黑米雖然看起來極為類似，但其實品種完全不同。紫米是一種糯米，黑米是一種秈米，不過兩者都算是糙米，若將米糠剝去，裡面仍是一般的白色。紫米經常用來煮甜粥或點心，黑米則可以和白米一起蒸煮，增添色澤與營養。

　　刻意不修飾的水泥灰牆、幾株枝葉攀附的生鏽鐵架、雜石地磚與壓紋玻璃，洋溢著老房子才有的嫻靜氣息。我一向喜歡「森森咖啡」這種店，座位不多、空間安逸，讓人想好好伸個懶腰，放鬆心情與全身筋骨。

　　森森咖啡的料理一如他們的裝潢，有著不加修飾的豪放。桌桌必點的蔬食黑米飯特餐，在大碗中裝滿大塊食材，蘿蔔、南瓜、鳳梨、番茄、玉米等都極有分量，雖然粗狂但調味細緻，芝麻味噌、三杯九層塔跟薑黃咖哩皆甘馥可口、鹹香味濃，單吃或配飯都好。另外，我也喜歡他們的口袋餅跟鹹派，內餡填得相當飽實，滋味純粹，生菜也給得大方，十分過癮。

　　吃飽喝足，別急著離開，可在店內店外隨意散步，老闆精心培育各種香料植物，幾乎都能用在料理上；還有幾株茂盛盆栽，枝葉搖曳，如同置身森林野境，慢慢變得心靜如水、怡然自得。

65 | 公館
素鹽酥雞

公館素鹽酥雞

📍 台北市中正區羅斯福路四段 108 巷 2 號（公館夜市）　📞 0981-494997　🍃 蛋奶素

　　很難有人可以抗拒鹽酥雞，在忙碌一整天後，拎著一包芳香四溢的鹽酥雞，回家坐在沙發上追劇放空，是一生當中最療癒的時刻。我曾經看過一個飲食作家，他形容鹽酥雞是「最懂你的療傷摯友」，可不是嗎？尤其是當鳥事一樁接一樁冒出來時，只有鹽酥雞挺你到底，給你完整的抒壓撫慰。

　　我最好的「摯友」藏身在公館水源市場的巷弄旁。這家素鹽酥雞生意極好，每日下午開始擺攤，客人絡繹不絕，從未間斷。新鮮九層塔入油鍋，激起一陣劈里啪啦，胡椒鹽大肆豪邁地撒，鹽酥雞該有的元件一個都沒少，看著人手滿滿一袋，露出滿足的表情而去，不愧是療癒神物。

　　鹽酥雞另一個迷人之處，就是可自由選擇想吃之物，我一定會點的是素羊肉，紮實有咬勁，越嚼越香；花枝圈肥嫩Ｑ彈、香菇厚實水潤，也都是必點；還有紫菜糕，據聞跟豬血糕口感完全一樣，吃葷朋友若想嘗試蔬食同時解饞，不妨就從這家入門吧！

66 | 21
臭豆腐

21 臭豆腐

📍 台中市北區一中街 21 號　　📞 04-22250613　　🌿 五辛素

　　當你踏進中彰投，詢問當地人要吃哪家臭豆腐時，恭喜你開啟了一個好話題。台灣到處都有臭豆腐，不過我個人偏好中部口味，不為別的，中台灣的臭豆腐多炸至水分幾乎完全蒸發，因此格外酥脆，起鍋後還會在中間戳個洞，方便食客填香塞料，一口一個，相當過癮。

　　中台灣臭豆腐百家爭鳴，位在一中街的 21 臭豆腐絕對算得上箇中翹楚。生意好到要抽號碼牌，21 臭豆腐的外層酥脆到不行，但內部卻保持柔嫩，搭上店家神祕配方的五味蔥蒜醬，誰還顧得了形象，不分男女老幼，紛紛在街邊大口狂吃，拜倒在這異香金磚的魅力之下。

67 | 善田
素油飯

善田素油飯

📍 出攤地點請見網站公告　📞 0953-613106　🍃 全素

　　閃閃發亮的善田油飯，是讓人願意不斷追尋的質樸美味。善田素油飯公司設立在台中，主要以冷凍宅配方式販售，假日則有可能出動餐車，在全國各地出沒，我剛好在台南遇到，就跟大家一起排隊買了一碗。

　　老闆打開熱氣蒸騰的木箱，立刻就能聞到厚實的麻油香，配料也很豐富，有香菇、豆輪跟素肉，主角糯米飯軟糯不黏，倒是薑味比較溫和內斂，讓人吃多也不覺膩口。

68 | 圈圈 大鼓餅

圈圈大鼓餅

📍 南投縣埔里鎮建國路 39-4 號　　📞 0910-544177　　🍃 全素／奶素

　　車輪餅是一種接受度極高的街邊小食，因為材料泰半為素，對於蔬食者而言非常友善。埔里這家圈圈大鼓餅，六種口味甜鹹各半，刻意降低甜度的紅豆、奶油、芋頭表現中上，相較之下，玉米菜脯、咖哩薯餅、高麗菜的三種鹹口味，內餡用心，比甜口味更為出色。不過不分甜鹹，類似可麗餅的餅皮口感薄脆可口，因此買了記得馬上吃，才能品嚐到最佳狀態。

69 | 善良
      肉圓

善良肉圓

📍各大蔬食市集，或至老三吃素：台南市中西區海安路二段 115 巷 3 號　　📞0928-428396　　🍃全素

　　以前還沒開始食蔬人生的時候，我是非常喜歡吃肉圓的。喜歡每一家 Q 彈表皮之後，不同內餡帶給口感的驚喜，有點像是要打開彩蛋的心情。

　　後來吃素了以後，好幾次吃到素肉圓，都會因傳統素料明顯的豆腥而打了退堂鼓，直到在無肉市集裡，第一次吃到善良肉圓，才又找回吃肉圓的美味口感。

　　原來善良肉圓在植物肉還沒有引進台灣時，就已經選用了 OmniPork 新豬肉和筍丁來作為內餡，少了我很害怕的豆腥味外，再搭配煎過的外皮，在 Q 彈之外，還多了些許硬度，讓口感咬勁十足，再淋上自製的原味米漿，絕對勝過我記憶裡的葷食肉圓。

70 | 沙淘宮菜粽

沙淘宮菜粽

📍 台南市中西區西門路二段 116 巷　📞 06-2583211　🍃 全素

　　很多事情爭論多年，依然沒有一個具體結論，例如南北粽，在兩方絲毫不讓下，這場論戰可能還得吵個幾百年。

　　不過若是菜粽，台南出品的名聲可是不遑多讓。沙淘宮菜粽聲名遠播，經常天剛亮就已聚集八方食客，他們的粽子再簡單不過了，除了飯之外，就只有花生，花生個頭碩大、酥潤飽滿，吃來很過癮，粽飯飄出清新的月桃葉香，就算不沾醬，這幽微香氣，就足夠讓台北俗們棄暗投明了。

71 | 植福餅

植福餅

📍 高雄市前金區六合二路 129 號　📞 0971-819276　🍃 全素

　　另一家讓人陶醉的車輪餅，是高雄的「植福餅」。植福餅在蔬食界頗有名氣，主因在於他們跳脫傳統車輪餅窠臼，創作數種私房口味，加上造型可愛，現在可是眾人趨之若鶩的網紅美食。

　　現點現做的植福餅，每一個用料都相當紮實，滿溢的薯泥、柔順的紅豆、鹹香的三杯基，一不小心就多吃了好幾個。對了，冬天還有季節限定的大湖草莓口味，甘馥香甜，一口咬下的滿足感，真是無以名狀。

72 | 赤山
素食

赤山素食

📍 高雄市鳳山區文衡路 236 號　　📞 0929-293467　　🍃 全素

　　四神湯裡的四神指的是淮山、芡實、蓮子、茯苓，不過因為芡實很貴，小攤多半用薏仁取代。以上所列均為葷素共用，但沒辦法放豬小腸，蔬食四神湯該用什麼取代？

　　高雄鳳山的赤山素食雖主打素粽跟素碗粿，但我覺得他們的四神湯更好。因為將薏仁熬得精萃盡出，湯色白濁、入喉絲滑。這時偶然咬到堅韌之物，這素小腸是什麼做的？嚼了幾下恍然大悟，原來是香菇頭，這種經常被丟棄的東西，只要稍加用心，也是有機會讓人眼睛發亮的。

73 林針嬤鹽水 g

林針嬤鹽水 g

📍📞 營業時間及地點請見網站公告　　🥬 全素／蛋奶素

　　鹽水 g 就是蔬食版鹽水雞,高雄這家林針嬤非常強手,由於擺攤地點跟時間都不一,加上生意興隆,經常需要大排長龍,可說是高雄傳說等級的餐車小吃。

　　林針嬤有椒鹽、胡麻跟麻辣三種口味,由於實在難買,如果排到當然三種都來一盒。我喜歡他們的滷製猴頭菇,氣味深沉、餘韻悠長;花結蒟蒻也得點,偽小卷圈,柔彈而鮮。當然,我更推薦「阿嬤幫我配」,除了不用花時間煩惱猶豫,還多了尋珍覓寶的意外之趣。

74 | CAMPO Vegetarian 蔬食古巴三明治

CAMPO Vegetarian 蔬食古巴三明治
📍📞 出攤地點時間請見網站公告　　🥬 全素／蛋奶素

　　我不太認識古巴三明治，初次見面還以為它是壓扁的沙威瑪，不過聽朋友說，古巴三明治是突然竄紅的，尤其是在電影《五星主廚快餐車》上映後，還有很多人專程跑到古巴找古巴三明治。

　　後來我做了功課，正統的古巴三明治只能用古巴麵包，用法國麵包或吐司都不對，因為只有古巴麵包，才能在熱壓後維持柔軟、表皮酥脆。

　　位於高雄的這家 CAMPO Vegetarian 是古巴三明治的行家，他們找來最接近古巴麵包的白麵包，熱壓後外酥內軟，一口咬下，起司還會爆漿，真是好吃，青椒跟素辣醬的內餡也很相襯。唉！我跟古巴三明治真是相見恨晚，過去幾年怎麼都未曾正視它的存在呢？

75 | 大池
豆包豆皮豆漿店

大池豆包豆皮豆漿店

📍 台東縣池上鄉大埔村 39 之 2 號　　📞 0952-011556　　🍃 全素

　　待熱氣蒸騰的豆漿上凝結成緻，迅速撈起掛晾，一件豆腐皮就完成了，之後交疊對折，便是豆包。做豆皮是件苦差事，因為豆皮質輕且形狀易變，不管多熱，室內連風扇都不准開，尤其是在入夏時，台東經常吹起焚風，室內溫度直逼五十度，這太辛苦了，所以我每次吃大池的豆包，總不由得肅然起敬。

　　大池的煎豆包再單純不過了，卻能吸引全台灣的人翻山越嶺，只為了一嚐這樸素滋味。黃金色的外皮，是煎得「恰恰」的最佳證明，入口酥潤又富彈性，齒頰滿是豆香，好吃到我捨不得嚥下。還好他們也有提供宅配跟外賣，於是我買了杯豆漿才走，好延續舌頭上這讓人牽腸掛肚的真味芬芳。

Chapter 4

以鮮果入菜，
手作料理 10 道

這次的手作料理主題是「水果」。

有人笑說，這根本是旁門左道，不能算是正統料理。然而，水果之於我，代表一種情感連結。小時候，媽媽工作忙碌，有時候甚至無暇顧及我和弟弟的飲食，但她總會買點水果回來，這也成了我小時候最常吃、吃了最多的食物類別。我可以不吃飯，但我不能沒有水果。

水果入菜，是我下廚或外食點菜時，無法戒除的最大誘惑。

日式蘋果咖哩

咖哩人人會煮，但要煮得好吃，不妨參考我的小祕訣。

爆香時，洋蔥跟大蒜務必炒到熟軟，最好呈現金黃濃稠，但要小心別炒焦了。另外，馬鈴薯可以切得比紅蘿蔔略大，因為兩者組織質地不同，體積較大的馬鈴薯經糊化崩散後，才會跟紅蘿蔔一樣大。在這道食譜中，我刻意將蘋果切得小一點，為的就是讓蘋果慢慢融解在湯水中，這樣做出來的咖哩，蘋果香最為濃郁。

如果不想使用市售的素咖哩塊，也可以自己調配獨門咖哩口味。咖哩粉主要的香料有薑黃、茴香籽、葛縷子、辣椒、葫蘆巴、荳蔻、胡椒、肉桂等，可依喜好來調整比例，只是光用咖哩粉難以做出稠度，所以得額外添加澱粉（麵粉或馬鈴薯）來增稠才行。

材料

蘋果：1 顆
洋蔥：半顆
大蒜：4 瓣
小馬鈴薯：4 顆
紅蘿蔔：半條
奶油白菜：適量
薑：適量
純素咖哩塊：80 公克
純素咖哩粉：20 公克
香菇粉：5 公克
月桂葉：2 片
百里香：少許
沙拉油：適量
水：適量

作法

1　大蒜跟薑切碎，洋蔥跟蘋果切丁，紅蘿蔔去皮切滾塊狀，小馬鈴薯不去皮切一口大小，奶油白菜川燙 1 分鐘備用。

2　熱鍋放沙拉油，下洋蔥丁、大蒜末、薑末、月桂葉、百里香，炒至洋蔥透明，後放入紅蘿蔔，再炒約 7 分鐘。

3　放入蘋果丁，炒約 5 分鐘。

4　放入香菇粉跟咖哩粉，待食材與其炒均勻後，倒入淹過食材表面的水。

5　以小火煮 15 分鐘，至紅蘿蔔完全熟透後放入馬鈴薯，再以小火煮 10 分鐘。

6　放入咖哩塊後，小火煮至產生稠度，過程中記得不斷翻動，避免黏鍋燒焦，當看不到蘋果丁跟洋蔥丁、馬鈴薯熟透，就差不多完成了。

7　以奶油白菜裝飾，可搭配白飯或義大利麵一起食用。

和風芭樂蕈菇義大利麵

　　想要快速煮出一餐，義大利麵是最方便的選擇之一。減少熬煮醬汁的繁複過程，這道和風芭樂蕈菇義大利麵是清炒就能輕鬆完成的素簡口味，改使用味噌以及醬油等的東方調味料，更讓這道菜多了一些中西合併的跨界風味。

　　之所以選擇芭樂來搭配，是因為芭樂內斂的清甜很能中和味噌跟醬油的鹹味，讓整道料理更為爽口。這邊要稍稍提醒一下，由於芭樂組織細緻較不耐炒，因此最好在出鍋前最後一刻再放入，這樣不僅可維持芭樂的清脆口感，潔白色澤也更能引人食欲大開。

　　芭樂是一年到頭都有的水果，除此之外，也可以用水梨或是蓮霧，別有一番風味。

材料

義大利直麵：250 公克

綜合菇：80 公克

芭樂：50 公克

橄欖油：30 毫升

大蒜：3 瓣

洋蔥：30 公克

味噌：20 公克

醬油：適量

鹽：適量

白胡椒粉：適量

黑胡椒粒：適量

米酒：適量

水：適量

九層塔：少許用於裝飾

作法

1　義大利麵煮至 7 分熟備用。

2　大蒜切片，芭樂跟洋蔥切絲。

3　香菇切成一口大小。

4　熱鍋下橄欖油，爆香大蒜跟洋蔥，大蒜煸至金黃，洋蔥炒到透明。

5　放入綜合菇，大火翻炒至熟軟。

6　加入少許米酒與適量開水、味噌、醬油。

7　加入麵條炒至收汁，依口味用鹽、黑白胡椒調味。

8　起鍋前放入芭樂絲，最後放上九層塔與芭樂片裝飾即可。

脆麵包佐枇杷莎莎醬

　　莎莎醬（salsa）源於墨西哥，又甜又酸又辣，是炎夏食欲不佳時，可讓人胃口大開的絕佳好味。莎莎醬的製作方式非常隨性，如果要有抹醬效果，可以將配料剁得更細一點，配方也可隨意更換，不只是枇杷，質地相近的芒果、火龍果、奇異果等，也都適合用來製作莎莎醬。

　　而除了麵包外，莎莎醬也能搭配玉米片、拌生菜沙拉，或是包在墨西哥捲餅中，搭配烤蔬菜也非常好吃，下次要展現手藝時，就端出一碗自製莎莎醬，相信一定會讓很多朋友意猶未盡，甚至纏著你要食譜配方呢！

材料

法式長棍麵包：1條

枇杷：6顆

番茄：1顆

紫洋蔥：半顆

辣椒：半根

檸檬汁：30毫升

橄欖油：15毫升

鹽：少許

白胡椒粉：少許

大蒜末：少許

香菜末：少許

作法

1　番茄過熱水去皮去籽。

2　將枇杷、番茄、洋蔥切成大小一樣的小丁（約小拇指指甲大）

3　辣椒去籽切碎，若喜歡吃辣可不去籽。

4　將所有材料拌勻即可。

5　法式長棍麵包切成1公分厚的麵包片，烤脆後搭配莎莎醬食用。

6　莎莎醬沒吃完，放在冰箱可保存兩天。

蓮霧華爾道夫沙拉

　　華爾道夫沙拉是一款經典的美式沙拉，據說是在 1893 年時，起源於紐約第五大道上的華爾道夫酒店，已經有一百多年的歷史。華爾道夫沙拉配方簡單，製作也容易，不過比起本來使用蘋果的標準食譜，我覺得用蓮霧替代也是非常對味，加上現在蓮霧品質極佳，甜度完全不輸蘋果，在蓮霧盛產時，不妨來嘗試製作。

　　這道沙拉的重點在於冰鎮，不僅西洋芹要冰，蓮霧切好最好也冰一下，才能在與美乃滋拌在一起時，依然維持清涼爽脆的口感。另外，由於裡頭的核桃跟葡萄乾僅用來點綴，我通常會直接使用市面上賣的綜合堅果，不僅省了烤焙功夫，剩下的還可以當零嘴吃，一舉兩得。

材料

西洋芹：60 公克
蓮霧：3 顆
美乃滋：30 公克
葡萄乾：15 公克
核桃：15 公克
鹽：少許
白胡椒粉：少許

作法

1 西洋芹刮去粗纖維，切成一口大小，入滾水川燙 30 秒，放入冰水維持脆度。

2 蓮霧去中間核與蒂頭，切成一口大小，放入冰水冰鎮。

3 核桃烤 5 分鐘切略碎。

4 葡萄乾泡水約 3 分鐘，後擠乾備用。

5 將西芹跟蓮霧的水分用紙巾吸乾，後與鹽、白胡椒、美乃滋拌勻。

6 盛裝後撒上核桃碎及葡萄乾即可。

羅勒油醋奇異果豆腐

　　板豆腐質地厚實，用煎的也不易碎，加上味道樸實平淡，拿來發揮創意最好不過。而營養密度極高的奇異果，口感清新不搶味，果香又剛好可以用來增加料理的芬芳層次，是種相當適合入菜的水果。

　　將豆腐煎好，油醋調好，就可以輕易完成，但如果真的不想開火，可以將板豆腐替換成嫩豆腐，切好就可直接擺盤，這樣就更簡單了。另外，油醋汁裡的羅勒若買不到，用九層塔倒也無礙，白酒醋也可以改用自己習慣的水果醋來替代。

　　豆腐含有豐富的蛋白質，加上奇異果與番茄內含大量的維生素與微量元素，是道營養又不會對人體造成負擔的料理，因此也非常推薦給正在進行體重控制的人。

材料

板豆腐：1 盒
黃金奇異果：半顆
綠色奇異果：半顆
小番茄：8～10 顆
沙拉油：適量
地瓜片：適量

羅勒油醋材料

羅勒葉：6 片
白酒醋：50 毫升
初榨橄欖油：100 毫升
鹽巴：適量
黑胡椒粒：適量
蜂蜜：適量

作法

1　豆腐切成 1 公分左右的厚片狀，煎至兩面金黃。

2　奇異果跟小番茄切成丁狀，羅勒切絲備用。

3　將義式油醋所有材料混合，再與水果丁拌勻，放在煎好的板豆腐上。

4　以地瓜片裝飾即可。

松露酪梨鮮菇塔

　　近年來，酪梨的高營養低膽固醇漸漸為人熟知並風靡全球，酪梨也逐漸成為蔬食者冰箱裡必不可少的水果之一。它百變的樣貌更是令人愛不釋手。除了可以搭配植物奶當成果汁飲用作為早餐，更可以入菜變成美味的佳餚。

　　第一次品嚐到酪梨鮮菇塔是在新加坡友人家的餐桌上，酪梨濃郁的口感搭配外酥內軟的香菇，令我大為驚艷。

　　立刻向友人詢問食譜，決定自己回台後動手重現那時的美好滋味。感謝友人的分享，第一次嘗試就完美呈現當時的滋味，我自己的餐桌上也多了一道招待朋友們的驚艷菜品。

材料

酪梨：1 顆
香菇：2 顆
松露油：適量
黑胡椒：少許
植物奶：適量
植物奶油：少許
黑胡椒：少許
鹽：少許
枸杞：少許

作法

1　酪梨去籽、挖出果肉備用。

2　香菇泡軟後去除冬菇蒂，放乾備用。

3　香菇以 280 度烘烤 5 分鐘。

4　酪梨果肉混合松露油、黑胡椒、植物奶、鹽放入果汁機打成泥狀。

5　將打好的酪梨鋪在香菇上即可。

6　最後擺上枸杞點綴。

木瓜鮮蔬綠咖哩

　　說到東南亞的代表性料理，我相信綠咖哩這道菜必定名列前茅，帶有南洋氣息混合濃郁奶香與辣味的醬汁令人無法抗拒，甚至多吃兩碗飯。

　　這兩年因為特殊因素無法出國也沒關係，只要使用來自泰國的綠咖哩醬包搭配台灣垂手可得的新鮮蔬果，即使在家，簡單幾個步驟，也能彷彿瞬間置身曼谷街頭。

　　綠咖哩本就是自由度極高的一道料理，運用喜歡的食材，可以隨性創造出屬於你自己愛的風味。

材料

木瓜：1 顆
茄子：半根
花椰菜：2 顆
玉米筍：100 克
番茄：1/4 顆
檸檬：1/4 顆
九層塔：5 ～ 6 片
綠咖哩醬：200 克
椰奶：150 毫升
糖：1 小匙

作法

1　木瓜（去籽）、茄子切成同等大小。

2　倒入少許油，開中小火熱鍋，依序加入綠咖哩醬、椰奶和水調製醬汁。

3　加入番茄，待番茄軟化後再加入木瓜、茄子、花椰菜、玉米筍等材料。

4　將所有材料燉煮入味即可。

5　淋上白醋拌勻，並起鍋前加入檸檬、九層塔提味。

232

川味涼拌西瓜綿

炎炎夏日，有哪種水果一定會常駐在你的冰箱裡呢？對我來說，西瓜是與夏天密不可分的存在。炙熱暑日，只要打開冰箱，一口西瓜下肚，瞬間暑氣全消。其實整顆西瓜最消暑、解渴的部分不是紅色果肉，而是被絕大多數人遺忘並丟棄的白色果肉，又稱西瓜綿。與香甜可口的果肉相比，西瓜綿確實顯得乏味可陳，被棄置一旁也不是沒有原因。但也正因為本身沒有太多味道，才有更多的可塑性。

倘若天氣太熱導致食欲不佳時，一定要試試川味涼拌西瓜綿清爽中帶著香辣刺激的滋味，作為開胃菜，是再適合不過了！

材料

西瓜：1/4 顆
川味辣椒醬：80 克
白醋：適量
花椒粒：適量
生辣椒：1 根
香菜：適量

作法

1 將西瓜紅肉與西瓜皮中間白色果肉的部分切下。

2 白色果肉（西瓜綿）切絲。

3 花椒顆粒以少許油爆香。

4 西瓜綿拌入爆香過花椒與川味辣椒醬。

5 淋上白醋拌勻，並撒上香菜點綴。

香橙猴頭菇

認識我的朋友們都知道，在疫情前，我常常會邀請三五好友來家裡，親自下廚款待賓客，看到客人們把一桌子的料理清空，真的非常有成就感。但若朋友帶小孩一同來訪，我真的束手無策。因為小朋友不會說謊、喜怒形於色，面對不喜歡的食物，吃一口就不再吃了。後來我漸漸發現，小朋友多半偏好酸甜的口味。

只要家有小賓客，這道香橙猴頭菇絕對可以征服他們的味蕾，沒有失敗過，甚至是小朋友最討厭的青椒，他們都吃得津津有味。有時，只要找到對的方法，事情就能迎刃而解。料理也是如此，只要用對了調味，任何食材都可以是人間美味。

材料

猴頭菇：250 克
柳橙：2 顆
青椒：1 顆
紅椒：1 顆
黃椒：1 顆
花椰菜：50 克
醬油：適量
鹽：少許
糖：少許
大蒜末：少許
太白粉：少許

作法

1 猴頭菇、半顆柳橙、青椒、紅椒、黃椒切成塊狀。

2 柳橙 1 顆榨汁。

3 猴頭菇沾太白粉後下鍋煎至表面酥脆。

4 大蒜末爆香。

5 依序加入猴頭菇、青椒、紅椒、黃椒下鍋拌炒。

6 加入柳橙汁、醬油、鹽、糖調味。

7 起鍋前加入花椰菜。

鳳梨霞球

　　如果你問我最喜歡什麼水果，我一定不假思索地回答「鳳梨」，那酸甜的滋味，不管是切開後直接吃還是入菜，都令我深深著迷。當我還是葷食者時，熱炒店的鳳梨蝦球是我必點的菜色。茹素二十多年來，我一直想要做出這道料理美味，卻始終無法成功複製。直到友人貼給我使用芋泥鑲油條取代蝦仁的食譜，這才一吃大為驚艷，找到替代之道。

　　縱使工序稍微繁複，但成品的可口程度會令人覺得一切都是值得的。油條酥脆的外皮，配上綿密的有芋泥內餡，最後裹上濃郁的美乃滋，創造出完美平衡的好滋味，配上一瓶啤酒，彷彿置身熟悉又陌生的熱炒店。

材料

老油條：100 克
芋頭：300 克
鳳梨：100 克
素美乃滋：適量
檸檬：1/4 顆
香菜：適量

作法

1　芋頭去皮後放入蒸籠蒸 20 分鐘。

2　蒸到鬆軟的芋頭放入果汁機裡打成泥狀。

3　將芋泥填入老油條中。

4　放入氣炸鍋以 280 度炸 10 分鐘。

5　鳳梨切塊。

6　將霞球（芋泥鑲油條）與鳳梨放入鍋中與美乃滋一同拌炒。

7　盛盤後擠入適量檸檬汁與香菜即可。

豐蔬食 2
超過 200 道顛覆味覺的美味蔬食介紹

作者｜田定豐、林承彥　攝影｜田定豐

責任編輯｜楊如玉　　版權｜黃淑敏、吳亭儀、林易萱　　行銷業務｜周佑潔、周丹蘋、黃崇華、賴正祐

總經理｜彭之琬　　事業群總經理｜黃淑貞　　發行人｜何飛鵬

法律顧問｜元禾法律事務所　王子文律師

出版｜商周出版

　　　台北市中山區民生東路二段 141 號 9 樓

　　　電話：(02) 2500-7008 傳真：(02) 2500-7759

　　　E-mail：bwp.service@cite.com.tw

發行｜英屬蓋曼群島商家庭傳媒股份有限公司城邦分公司

　　　台北市中山區民生東路二段 141 號 2 樓

　　　書虫客服務專線：02-25007718．02-25007719

　　　24 小時傳真服務：02-25001990．02-25001991

　　　服務時間：週一至週五 09:30-12:00．13:30-17:00

　　　郵撥帳號：19863813　戶名：書虫股份有限公司

　　　讀者服務信箱 E-mail：service@readingclub.com.tw

　　　歡迎光臨城邦讀書花園 網址：www.cite.com.tw

香港發行所｜城邦（香港）出版集團有限公司

　　　香港灣仔駱克道 193 號東超商業中心 1 樓

　　　Email：hkcite@biznetvigator.com

　　　電話：(852) 25086231　傳真：(852) 25789337

馬新發行所｜城邦（馬新）出版集團　Cite (M) Sdn. Bhd.

　　　41, Jalan Radin Anum, Bandar Baru Sri Petaling,

　　　57000 Kuala Lumpur, Malaysia

　　　電話：(603) 90578822　傳真：(603) 90576622

設計、排版｜大象設計　　封面攝影｜賴冠仲　　封面拍攝場地｜金典（第六市場）

行銷統籌｜混種時代　　行銷協力｜周駿益、Daniel（黃德瀚）、Leslie（徐誌男）、Erik（王彥浩）

印刷｜高典印刷事業有限公司

經銷商｜聯合發行股份有限公司

　　　電話：(02)2917-8022　傳真：(02)2911-0053

　　　地址：新北市 231 新店區寶橋路 235 巷 6 弄 6 號 2 樓

2021 年 12 月初版　Printed in Taiwan　　定價｜450 元　　著作權所有，翻印必究

ISBN｜978-626-318-075-8

國家圖書館出版品預行編目資料｜豐蔬食 2：超過 200 道顛覆味覺的美味蔬食介紹

田定豐、林承彥著；初版 .－臺北市：商周出版：城邦文化事業股份有限公司；英屬蓋曼群島商家庭傳媒城邦分公司發行；2021.12　面；　公分

ISBN　978-626-318-075-8（平裝）1. 餐飲業 2. 素食 3. 蔬菜食譜　483.8　110018808

廣　告　回　函
北區郵政管理登記證
台北廣字第000791號
郵資已付，免貼郵票

104台北市民生東路二段141號2樓

英屬蓋曼群島商家庭傳媒股份有限公司　城邦分公司

- -

請沿虛線對摺，謝謝！

書號：BK5190	書名：豐蔬食2	編碼：

讀者回函卡

線上版讀者回函卡

感謝您購買我們出版的書籍！請費心填寫此回函卡，我們將不定期寄上城邦集團最新的出版訊息。

姓名：＿＿＿＿＿＿＿＿＿＿＿＿＿＿＿＿＿ 性別：□男 □女

生日：西元＿＿＿＿＿年＿＿＿＿＿月＿＿＿＿＿日

地址：＿＿＿＿＿＿＿＿＿＿＿＿＿＿＿＿＿＿＿＿＿

聯絡電話：＿＿＿＿＿＿＿＿ 傳真：＿＿＿＿＿＿＿＿

E-mail：

學歷：□ 1. 小學 □ 2. 國中 □ 3. 高中 □ 4. 大學 □ 5. 研究所以上

職業：□ 1. 學生 □ 2. 軍公教 □ 3. 服務 □ 4. 金融 □ 5. 製造 □ 6. 資訊

□ 7. 傳播 □ 8. 自由業 □ 9. 農漁牧 □ 10. 家管 □ 11. 退休

□ 12. 其他＿＿＿＿＿＿＿＿＿＿＿＿

您從何種方式得知本書消息？

□ 1. 書店 □ 2. 網路 □ 3. 報紙 □ 4. 雜誌 □ 5. 廣播 □ 6. 電視

□ 7. 親友推薦 □ 8. 其他＿＿＿＿＿＿＿＿＿＿＿

您通常以何種方式購書？

□ 1. 書店 □ 2. 網路 □ 3. 傳真訂購 □ 4. 郵局劃撥 □ 5. 其他＿＿＿

您喜歡閱讀那些類別的書籍？

□ 1. 財經商業 □ 2. 自然科學 □ 3. 歷史 □ 4. 法律 □ 5. 文學

□ 6. 休閒旅遊 □ 7. 小說 □ 8. 人物傳記 □ 9. 生活、勵志 □ 10. 其他

對我們的建議：＿＿＿＿＿＿＿＿＿＿＿＿＿＿＿＿＿＿

＿＿＿＿＿＿＿＿＿＿＿＿＿＿＿＿＿＿＿＿＿＿＿＿

＿＿＿＿＿＿＿＿＿＿＿＿＿＿＿＿＿＿＿＿＿＿＿＿

【為提供訂購、行銷、客戶管理或其他合於營業登記項目或章程所定業務之目的，城邦出版人集團（即英屬蓋曼群島商家庭傳媒（股）公司城邦分公司、城邦文化事業（股）公司），於本集團之營運期間及地區內，將以電郵、傳真、電話、簡訊、郵寄或其他公告方式利用您提供之資料（資料類別：C001、C002、C003、C011 等）。利用對象除本集團外，亦可能包括相關服務的協力機構。如您有依個資法第三條或其他需服務之處，得致電本公司客服中心電話02-25007718 請求協助。相關資料如為非必要項目，不提供亦不影響您的權益。】

1.C001 辨識個人者：如消費者之姓名、地址、電話、電子郵件等資訊。　　2.C002 辨識財務者：如信用卡或轉帳帳戶資訊。
3.C003 政府資料中之辨識者：如身分證字號或護照號碼（外國人）。　　4.C011 個人描述：如性別、國籍、出生年月日。